高/等/学/校/教/材

仪器分析实验教程

田宏哲　李修伟　秦培文　主编

化学工业出版社

·北京·

内容简介

本教材根据近年来仪器分析技术在农业、食品、环境、化学化工、材料及生命科学等领域的广泛应用，结合目前高等院校的教学需求，以及农业院校与理工院校的教学特点编写而成，旨在使学生掌握现代仪器分析技术，解决专业研究中的有关问题。

本教材共分 12 章，主要介绍了仪器分析实验基础知识，紫外-可见光谱法、红外光谱法、荧光光谱法、原子光谱法、气相色谱法、液相色谱法、毛细管电泳法、核磁共振波谱法、质谱法及色谱-质谱联用技术等分析方法的基本原理、分析方法、仪器结构与原理，每章有实验应用实例，还包括设计性及综合性实验。

本书可作为农林高等院校仪器分析和波谱分析专业本科生和研究生的实验教材，也可供其他院校相关专业选用。

图书在版编目（CIP）数据

仪器分析实验教程/田宏哲，李修伟，秦培文主编. —北京：化学工业出版社，2024.3
高等学校教材
ISBN 978-7-122-44716-6

Ⅰ.①仪… Ⅱ.①田… ②李… ③秦… Ⅲ.①仪器分析-实验-高等学校-教材 Ⅳ.①O657-33

中国国家版本馆 CIP 数据核字（2024）第 062175 号

责任编辑：冉海滢　　　　　　文字编辑：王丽娜
责任校对：李雨晴　　　　　　装帧设计：刘丽华

出版发行：化学工业出版社
　　　　　（北京市东城区青年湖南街 13 号　邮政编码 100011）
印　　装：三河市双峰印刷装订有限公司
787mm×1092mm　1/16　印张 12　字数 270 千字
2024 年 6 月北京第 1 版第 1 次印刷

购书咨询：010-64518888　　　　售后服务：010-64518899
网　　址：http://www.cip.com.cn
凡购买本书，如有缺损质量问题，本社销售中心负责调换。

定　　价：49.80 元　　　　　　　　版权所有　违者必究

本书编写人员

主　编　田宏哲　李修伟　秦培文

副主编　李俊凯　马树杰　汪梅子　王秀平

编写人员（按姓名汉语拼音排序）

何　璐　沈阳农业大学

胡　睿　沈阳农业大学

李俊凯　长江大学

李修伟　沈阳农业大学

马树杰　河北农业大学

秦培文　沈阳农业大学

田宏哲　沈阳农业大学

汪梅子　河南农业大学

王　凯　沈阳农业大学

王秀平　河北科技师范学院

赵瑛博　沈阳农业大学

朱　祥　长江大学

主　审　李兴海　沈阳农业大学

前言

　　仪器分析是化学学科的一个重要分支，它是指通过使用特殊设备，对物质的化学组成、成分含量及化学结构等信息进行分析和测定的一类方法。仪器分析课程是高等院校开设的一门理论与实践并重的课程，"仪器分析实验"是仪器分析课程的重要组成部分，它是通过实验的方法，使学生加深理解和巩固在仪器分析课堂中所学的理论知识，并使学生正确熟练地掌握仪器分析的基本操作和技能。通过实验操作可使学生学会正确合理地选择实验条件和实验仪器，善于观察实验现象和进行实验记录，正确处理数据和表达实验结果；培养良好的实验习惯、实事求是的科学态度和严谨细致的工作作风，以及独立思考、分析问题、解决问题的能力；以使学生逐步地掌握科学研究的技能和方法，为学习后续课程和将来工作奠定良好的实践基础。

　　本书共分 12 章，主要包括仪器分析实验的基础知识、紫外-可见光谱法、红外光谱法、荧光光谱法、原子光谱法、气相色谱法、液相色谱法、毛细管电泳法、核磁共振波谱法、质谱法、色谱-质谱联用技术及设计性实验等内容。每种分析方法主要阐述其基本原理、分析方法及仪器结构与原理，并以其在农业领域的应用为主要实验内容，旨在培养学生的基本操作技能及分析能力。具体编写分工如下：田宏哲编写第 1 章、第 8～12 章；李修伟编写第 2 章；秦培文编写第 3 章；李俊凯编写第 4 章；汪梅子编写第 5 章；马树杰编写第 6 章；王秀平编写第 7 章；何璐等参与资料查阅及整理工作。田宏哲负责全书的组织、统稿和定稿。本书由沈阳农业大学李兴海教授主审。

　　由于编者水平有限，书中疏漏之处在所难免，恳请读者批评指正。

田宏哲

2023 年 10 月

目录

仪器分析实验基础知识

1.1 分析实验室的基本要求

分析实验室应配备防火报警器、消火栓、灭火器、防盗门等安全设施，消防器材要放在明显和便于取用的位置，要经常检查保证其有效可靠，严禁将消防器材移作他用。

实验室中应配备超净工作台，保障实验室安全洁净。实验台为耐酸碱及防腐实验台，可防止有机溶剂及酸碱样品的腐蚀。实验室通风系统应完善，安装通风橱，且每台色谱仪器上方安装可调节方向及易拆装的排气罩，色谱或质谱气体的排放都可通过排气罩排到室外，避免对实验室污染。仪器室中应安装空调设施，保证质谱仪器正常工作的工作温度；还应配备不间断电源（UPS），避免突然断电对仪器设备的损害。

实验室设有药品柜，可储存药品、放置仪器耗材及色谱工具箱等。严格执行化学危险品、剧毒品及麻醉药品等危险物品领用及保存的有关规定。实验室内部卫生要求定期清扫，各种实验设备、物品摆放整齐。实验仪器定期检查，及时记录。

分析过程中产生的各种废气、废渣、废液以及废包装容器，按其属性分类，进行妥善处理。不易处理的剧毒物质和有毒有害废渣、废液集中存放，统一交由环保部门处理。

1.1.1 实验用气

在分析实验中常用的气体一般用钢瓶储存，如氮气、氦气或氩气，无论是否易燃易爆，均应注意使用安全性。气相色谱中所用载气为氮气，采用钢瓶储存，要求是高纯氮气，纯度≥99.99%；燃气为氢气，助燃气为空气，为保证实验室安全，燃气和助燃气皆采用气体发生器。质谱用氮气采用氮气发生器，碰撞气采用高纯氩气或氦气。氮吹仪所用氮气为普氮，纯度为99%。

储存不同气体的钢瓶需要专瓶专用，不能混淆或混装，以保障用气安全。减压阀和钢瓶应配套使用，安装时要检漏，钢瓶要远离火源或热源，实验室应配备气瓶柜，以保障用气安全。

1.1.2 实验试剂

仪器分析实验中用水应采用不同规格的纯水。国家标准《分析实验室用水规格和试验方法》（GB/T 6682—2008）中将分析实验室所用纯水分为三个级别，见表 1-1。在仪器分析实验中，样品制备过程中用水为三级或二级的纯水，有机溶剂为分析纯。

表 1-1   分析实验室用水的水质级别

名称	一级	二级	三级
pH 值范围(25℃)	—	—	5.0～7.5
电导率(25℃)/(mS/m)	≤0.01	≤0.10	≤0.50
可氧化物质含量(以 O 计)/(mg/L)	—	≤0.08	≤0.4
吸光度(254nm,1cm 光程)	≤0.001	≤0.01	—
蒸发残渣(105℃±2℃)含量/(mg/L)	—	≤1.0	≤2.0
可溶性硅(以 SiO$_2$ 计)含量/(mg/L)	≤0.01	≤0.02	—

注：“—”表示未做规定。

高效液相色谱（HPLC）或质谱所用有机溶剂应为色谱纯，流动相用水应为一级纯水。一级纯水需现用现制，避免储存污染。配制标准溶液时所用溶剂也应为色谱纯或一级纯水。高效液相色谱流动相及样品在分析前应采用 0.45μm 滤膜过滤，避免堵塞液相色谱仪管路、进样阀或色谱柱。

1.1.3   实验室用电

仪器分析实验一般包括样品处理及仪器测定两部分。其中，样品处理会用到超声波清洗仪、旋转蒸发仪、离心机、氮吹仪、粉碎机、涡旋仪、纯水仪、干燥箱等设备；而仪器测定需要用到光谱仪、色谱仪、质谱仪或核磁共振波谱仪等大型仪器设备，这些仪器设备都需要用电，而且不同仪器用电规格不同，有的需要高压电源，有的需要直流电源，所以在实验过程中必须注意用电安全性。

按照分析实验室要求，不同仪器使用不同的电源，电源之间不能混用。实验过程中要注意不要触动电源线或连接线，更不要把溶剂泼洒到电源或开关处。实验结束后，按照实验室要求关闭开关和电源。

1.2   仪器分析的实验要求

仪器分析实验是一门实践性很强的课程，实验教学最重要的任务是培养学生查阅、动手、思维、想象和表达能力，重点是培养学生观察问题、分析问题和解决问题的能力，加强学生对“量”的概念的认识。通过该实验课程的学习，学生首先应该对具体的实验过程有一个直观、感性的认识，在此基础上再通过认真、严格、细致的操作练习，在获取实验数据的过程中培养良好的科学作风和独立从事科学实践的能力。

为了保证实验教学效果，提高教学质量，达到教学的目的，对仪器分析实验课程的教学提出具体要求如下：

① 开设实验课前，由指导老师制定实验教学进度，每个实验提前一周备课，进行预实验，确保实验能够顺利进行。明确实验的目的、要求和有关注意事项，做好相关记录。

② 每次实验，指导老师应提前 10～15min 进入实验室，仔细检查实验所需各项仪器设施，熟悉药品摆放情况，准备实验试剂、试样。

③ 实验过程中，教师不得擅自离开实验室，注意巡视观察，认真辅导，随时纠正个别学生不规范的实验操作。实验结束后，检查学生的数据记录和实验台卫生情况，提醒学生检查水、电、气、门窗、钥匙柜、仪器设备是否关好。然后告知实验室值班人员，经检查合格后方可允许学生离开。

④ 由于仪器分析实验所用仪器设备价格昂贵，仪器分析实验采用小班授课的形式进行循环教学。实验内容与理论教学无法实现同步，部分实验内容可能存在提前或滞后的情况，因而，要求学生课前必须认真预习，未预习者不得进行实验。

⑤ 教师在实验前先检查学生的预习报告，结合当次实验内容中涉及的操作要点以PPT 形式讲授实验中的关键内容，包括实验所涉及的知识点、仪器的基本结构及实验操作方法、实验内容和步骤、数据处理方法及注意事项等。然后指导学生做好实验准备工作，强调实验中应注意的主要问题。

⑥ 学生开始实验后，要求学生仔细观察和详细、诚实记录实验中发生的各种实验现象，记录的原始数据不能删改（不能用铅笔记录），数据记录在专用的、预先编好页码的实验记录本上。如有疑问可与同组同学进行现场讨论，也可与指导老师探讨，必要时可重做实验，最后经指导老师认可，方能结束实验。

⑦ 认真、及时写好实验报告。撰写实验报告是仪器分析实验的重要环节，实验数据的处理与分析都要在报告中体现出来，实验报告也是评价与考核学生成绩的重要组成部分。报告的内容除了实验名称、实验日期、实验仪器型号、实验步骤、操作条件等常规内容外，还要包括对该实验的结果处理与讨论、对少数实验异常现象进行解释分析。实验报告的书写应做到简明扼要、图表规范、干净整洁。最后由老师批改实验报告，并给出报告成绩。

⑧ 所有实验结束后，要以提交实验报告、线上测试、操作技能考核等多种方式进行期末考核，考核结果计入总成绩。

⑨ 要求学生遵守实验室的各项规章制度，了解"消防设施"和"安全通道"的位置，树立环境保护意识，尽量降低化学物质（特别是有毒有害试剂以及洗液、洗衣粉等）的消耗。

⑩ 要求学生保持实验室内安静、实验台面清洁整齐。爱护仪器设备设施，树立良好的公共道德。

1.3 实验数据记录及处理

1.3.1 实验数据记录

正确记录实验所得数值。应根据取样量、量具的精度、检测方法的允许误差和标准中的限度规定，确定数字的有效位数（或数位），检测值必须与测量的准确度相符合，记录全部准确数字和一位欠准数字。pH 值等对数值，其有效位数是由小数点后的位数决定的，整数部分只表明其真数的乘方次数。所以，实验数据记录时要根据仪器的精度确定有效数字的位数，不能随意增加或减少有效数字的位数；然后根据"四舍六入五成双"的修约规则进行数据的整理，再进行计算。

正确掌握和运用运算规则。进行计算时，应执行进舍规则和运算规则，如用计算器进行计算，也应将计算结果经修约后再记录下来。

仪器分析实验的分析条件和数据的记录可采用表格、图片、谱图或数值的形式。书写实验报告时，可以根据实验内容选择合适的数据记录方式，以便更好地反映实验结果。

1.3.2　实验数据处理

仪器分析实验的样品制备及仪器测定过程都存在误差，其中系统误差可通过对照试验或空白试验去除，随机误差可通过增加测量次数降低。

（1）可疑值取舍　通常在一组测定数据中，会存在可疑数据，实验结果的可疑数据不能随意舍去，应先进行可疑值的检验，然后再进行取舍。通常采用统计学的异常数据处理原则来决定取舍，可疑值检验的常用方法为 Q 检验法和 Grubbs 检验法。如果在测量次数较少时出现可疑值，应增加测量次数，再进行检验和取舍处理，以保证数据的准确性。

（2）方法的准确度　方法的准确度大多数情况下是用加标回收率来表征的，即在样品中加入标准物质，测定其回收率，以确定准确度，多次回收试验还可发现方法的系统误差。这是目前最常用的考察方法准确度的方法，其计算式如下：

$$回收率 = \frac{加标试样测定值 - 试样测定值}{加标量} \times 100\% \tag{1-1}$$

（3）方法的精密度　精密度（precision）是指用一特定的分析程序在受控条件下重复分析均一样品所得测定值的一致程度，它反映了分析方法或测量系统所存在的随机误差的大小。极差、平均偏差、相对平均偏差、标准偏差和相对标准偏差都可用来表示精密度大小，较常用相对标准偏差（RSD）来反映分析实验结果的精密度。

$$RSD = \frac{SD}{\bar{x}} \times 100\% = \frac{\sqrt{\dfrac{\sum\limits_{i=1}^{n}(x_i - \bar{x})^2}{n-1}}}{\bar{x}} \times 100\% \tag{1-2}$$

式中，SD 为标准偏差；$\bar{x}$ 为测定平均值；x_i 为测定值；n 为测定次数。

（4）回归分析法　仪器分析通常采用相对定量法进行定量分析，即采用标准工作溶液的测定结果进行线性回归处理，得到标准曲线，建立线性回归方程，获得相关系数 R 或 R^2，作为样品定量分析的依据，即采用标准曲线法进行定量分析。

可采用 Excel、Origin 或 SigmaPlot 软件进行数据的线性回归处理，从而获得线性方程和相关系数，根据线性回归方程进行结果计算，可获得样品的定量分析结果。

1.4　定量分析方法

仪器分析的主要目的是确定化合物的结构及含量，其中定量分析主要采用相对定量分析方法，通过建立仪器测定信号与分析物浓度或质量之间的线性关系，即样品中目标物的测量数据，获得定量分析结果。

目前仪器分析常用的定量分析方法为标准曲线法，标准曲线法又分为外标法和内标法，可适用于样品数量较多的分析工作。外标法只需配制待测组分的标准工作溶液，测定不同浓度标准溶液的响应值，绘制标准曲线；然后在相同条件下测定试样，将待测组分的响应值代入线性方程中即可计算待测组分的含量。外标法相对操作简单，但易受外界实验条件影响，从而影响定量结果的准确性。

内标法是在待测组分的标准工作溶液及试样中定量加入一种内标物质，内标物质的加入量是固定的，然后测定标准工作溶液的响应值，以待测组分的响应值与内标物的响应值之比为纵坐标，浓度为横坐标，绘制标准曲线，获得线性方程。然后测定试样中组分与内标物的响应值之比，代入线性方程中即可计算其含量。为保证定量结果的可靠性，内标物的选择需要满足一定的条件：①内标物与待测物质化学性质相近，但彼此之间无相互作用，最好是同系物；②内标物不干扰待测物质的测定；③内标物的添加浓度应接近于待测物的浓度；④内标物应是样品中不存在的物质。内标法相对外标法而言，需要选择合适的内标物质，但该方法不受实验条件影响，定量准确性高于外标法。

第2章

紫外-可见光谱法

2.1　基本原理

正常情况下，分子处于稳定的基态，但当受到电磁波照射时，根据所吸收的电磁波的能量大小，引起分子转动、振动或电子能级的跃迁，同时产生相应的吸收波谱。其中，电子能级跃迁产生的是紫外-可见光谱。

分子中的价电子有三类：形成单键的 σ 电子、形成双键的 π 电子、未成键的 n 电子。两个原子的原子轨道可以线性组合生成两个分子轨道，分别为低能量的成键轨道和高能量的反键轨道。因而，根据分子结构不同，分子中可能存在 σ 成键轨道、σ^* 反键轨道、π 成键轨道、π^* 反键轨道和 n 轨道。分子轨道的能级大小顺序为：$\sigma^* > \pi^* > n > \pi > \sigma$。

因而分子中价电子发生能级跃迁时，主要产生 4 种类型的跃迁。4 种电子能级跃迁所需能量大小顺序为：$\sigma \rightarrow \sigma^* > n \rightarrow \sigma^* > \pi \rightarrow \pi^* > n \rightarrow \pi^*$，其中前两种跃迁所需吸收的电磁波的波长处于远紫外区（<200nm）。紫外分光光度计主要检测近紫外区和可见光区（200～780nm），远紫外区有干扰。因而，目前主要检测的电子跃迁类型为 $\pi \rightarrow \pi^*$ 和 $n \rightarrow \pi^*$。

$\pi \rightarrow \pi^*$ 和 $n \rightarrow \pi^*$ 跃迁都需要有不饱和的官能团以提供 π 轨道，因此，π 轨道的存在是有机化合物在紫外-可见光区产生吸收的前提条件，即紫外-可见吸收光谱法主要测定含不饱和结构的化合物。

紫外-可见吸收光谱主要取决于分子中价电子的能级跃迁，但分子的内部结构和外部环境都会影响紫外-可见吸收光谱，如共轭效应、助色效应、超共轭效应、溶剂效应、空间效应、pH 值影响等。其中共轭效应、助色效应及超共轭效应都使吸收波长和吸收强度增大，且共轭效应的影响更为显著。

2.2　分析方法

在化合物结构鉴定方面，紫外-可见光谱法主要是获得关于未知物是否存在共轭体系以及某些羰基官能团的信息。不过紫外-可见光谱法的应用受到很大的限制，原因是大多数单官能团的吸收很弱或根本不吸收；大多数分子的紫外-可见光谱相当简单；结构相近的化合物或同系物类化合物具有相似的紫外-可见光谱。所以紫外-可见光谱法一般仅适用于判断化合物的结构类别。

2.2.1　紫外-可见光谱法在定性分析方面的应用

在实验条件一定时，物质吸收光谱的形状是由物质本身的化学结构所决定的，而与其浓度等因素无关。

2.2.1.1　定性分析方法

（1）利用标准物定性　在同一测量条件下，测定未知物的紫外-可见吸收光谱，再与标准物质的紫外-可见吸收光谱相比较，根据光谱形状、吸收峰数目、位置等特征，即可初步判定未知物与标准物是否为同一物质。

（2）利用吸收光谱数据定性　将未知物的紫外-可见光谱数据与标准光谱比较，判断是否是相同物质。

（3）判断有机化合物的生色团　如 $220 \sim 800nm$ 内无吸收，推断无不饱和基团；$210 \sim 250nm$ 有强吸收带，可能有共轭双键；$270 \sim 300nm$ 有弱吸收带，可能有羰基；$250 \sim 300nm$ 有中强吸收，可能有苯环。

2.2.1.2　应用

紫外-可见吸收光谱法可进行组分纯度测定：①杂质有紫外吸收，组分无吸收，可通过间接检测法测定物质纯度；②组分与杂质都有吸收，可通过 λ_{max} 不同区分。紫外-可见吸收光谱有时可用于区别分子的构型异构体：如反式肉桂酸在273nm $[\varepsilon = 21000L/(mol \cdot cm)]$ 显示强吸收；而顺式肉桂酸由于环和羧基之间存在着空间的相互影响，二者不能共平面，故它只在264nm $[\varepsilon = 9400L/(mol \cdot cm)]$ 显示较弱的吸收。

2.2.2　紫外-可见光谱在定量分析方面的应用

紫外-可见光谱法用于定量分析的依据是朗伯-比尔定律，不仅可测定微量组分，而且还可用于常量组分和多组分混合物的测定。

2.2.2.1　朗伯-比尔定律

在一定的浓度范围内，当用某一适当波长的单色光照射物质的溶液时，其吸光度与溶液的浓度、液层厚度的乘积成正比，称为朗伯-比尔定律，其计算方法见式（2-1）。

$$A = \lg \frac{I_0}{I} = \varepsilon c L \tag{2-1}$$

式中，A 为吸光度；I 和 I_0 分别为透射光强度和入射光强度；ε 为摩尔吸光系数，$L/(mol \cdot cm)$；c 为溶液的物质的量浓度，mol/L；L 为液层厚度，cm。

2.2.2.2　定量分析方法

（1）直接法　用于测定在紫外-可见光谱区域有较强吸收的物质成分，即分子中含有不饱和键，特别是共轭双键的物质。

（2）间接法——显色反应　用于测定在紫外-可见光谱区没有吸收的物质。样品经处理后（提取、净化、浓缩），再与其他试剂进行衍生反应生成在紫外-可见光区（UV-Vis）有强吸收的产物（显色），然后通过测定衍生产物间接测定待测物质成分。

2.2.2.3　定量分析方法应用

（1）单组分定量分析

① 标准曲线法　配制一系列（5～10 个）不同浓度（c）的标准溶液，在相同的测定条件下分别测定各溶液的吸光度 A，然后以吸光度为纵坐标，浓度为横坐标绘制 A-c 的标准曲线。在相同条件下测定试样溶液吸光度 A_x，根据标准曲线确定其含量。注：溶液浓度要在线性范围，要扣除空白。

② 单点校正法　已知试样溶液基本组成，配制相同基质、相近浓度的标准溶液，分别测定标准溶液和样品的吸光度 $A_标$、$A_样$。根据朗伯-比尔定律，$A_标 = \varepsilon L c_标$，而 $A_样 = \varepsilon L c_样$，

则
$$c_样 = \frac{A_样}{A_标} \times c_标 \tag{2-2}$$

根据式（2-2）可计算实际样品中待测组分的浓度。注：注意浓度的线性范围，且 $c_标$ 和 $c_样$ 应很接近。

（2）多组分定量分析　对于含有 a、b 两种或两种以上吸光组分的混合物的定量分析，可以不必分离而直接测定。方法如下：

① 双组分的吸收光谱不重叠——直接测定　图 2-1（a）双组分的光谱不重叠时，按单组分计算，分别在 λ_1、λ_2 处测定两组分的浓度 [见式（2-3）和式（2-4）]。

$$c_a = \frac{A_a}{\varepsilon_a L} \tag{2-3}$$

$$c_b = \frac{A_b}{\varepsilon_b L} \tag{2-4}$$

② 双组分的吸收光谱单向重叠——计算法　当样品中含有双组分时，其中组分 b 在组分 a 的最大吸收波长处有紫外吸收，见图 2-1（b），而组分 a 在组分 b 的最大吸收波长处无吸收，则可以根据式（2-5）~式（2-7）分别计算组分 b 和 a 的浓度。

$$c_b = \frac{A_{\lambda_2}^b}{\varepsilon_{\lambda_2}^b L} \tag{2-5}$$

$$A_{\lambda_1}^总 = A_{\lambda_1}^a + A_{\lambda_1}^b = c_a \varepsilon_{\lambda_1}^a L + c_b \varepsilon_{\lambda_1}^b L \tag{2-6}$$

$$c_a = \frac{A_{\lambda_1}^总 - A_{\lambda_1}^b}{\varepsilon_{\lambda_1}^a L} \tag{2-7}$$

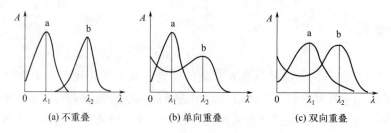

图 2-1　双组分的紫外-可见光谱

③ 双组分的吸收光谱双向重叠——解联立方程组法　当样品中含有的两个组分 a 和 b 都在彼此的最大吸收波长处有紫外吸收，见图 2-1（c），则采用解联立方程组法计算组分 a 和组分 b 的含量，见式（2-8）和式（2-9）。

$$A_{\lambda_1}^{a+b} = A_{\lambda_1}^a + A_{\lambda_1}^b = \varepsilon_{\lambda_1}^a c_a L + \varepsilon_{\lambda_1}^b c_b L \tag{2-8}$$

$$A_{\lambda_2}^{a+b} = A_{\lambda_2}^a + A_{\lambda_2}^b = \varepsilon_{\lambda_2}^a c_a L + \varepsilon_{\lambda_2}^b c_b L \tag{2-9}$$

$\varepsilon_{\lambda_1}^a$、$\varepsilon_{\lambda_2}^a$、$\varepsilon_{\lambda_1}^b$、$\varepsilon_{\lambda_2}^b$ 可以通过标准溶液求得，液层厚度 L 为常数，$A_{\lambda_1}^{a+b}$、$A_{\lambda_2}^{a+b}$ 可测得，则可通过解联立方程法求得组分 a 和 b 的浓度。

（3）双波长法　该方法适用于吸收光谱相互重叠的多组分共存的混合物，测定的灵敏度和准确度都高于解联立方程组法，目前最常用等吸收点法进行测定。组分 b 在组分 a 的最大吸收波长 λ_2 处也有紫外吸收，在紫外-可见光谱图中找到与该吸光度值相等的吸收波长，即 λ_1，见图 2-2，根据式（2-10）和式（2-11），可计算组分 a 的浓度。

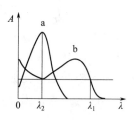

图 2-2　等吸收点法测定双组分浓度

$$A_{\lambda_1} = A_{\lambda_1}^a + A_{\lambda_1}^b + A_{\lambda_1}^s \tag{2-10}$$

$$A_{\lambda_2} = A_{\lambda_2}^a + A_{\lambda_2}^b + A_{\lambda_2}^s \tag{2-11}$$

其中 $A_{\lambda_1}^s$、$A_{\lambda_2}^s$ 为背景吸收，当 λ_1 与 λ_2 相距较近时，可认为 $A_{\lambda_1}^s = A_{\lambda_2}^s$，且 $A_{\lambda_1}^b = A_{\lambda_2}^b$，则两波长下测定的吸光度相减，可根据式（2-12）和式（2-13）计算组分 a 的浓度。

$$\Delta A = A_{\lambda_1} - A_{\lambda_2} = A_{\lambda_1}^a - A_{\lambda_2}^a \tag{2-12}$$

$$\Delta A = (\varepsilon_{\lambda_1}^a - \varepsilon_{\lambda_2}^a) c_a L \tag{2-13}$$

2.3　仪器结构与原理

紫外-可见光谱仪（又称紫外-可见分光光度计）主要由光源、单色器、吸收池、检测器、数据采集及处理系统五部分组成，见图 2-3。分子结构不同，激发态与基态能级间的能量差也不相同，因而其吸收光谱存在差异。

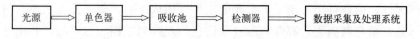

图 2-3　紫外-可见分光光度计的结构

2.3.1　光源

紫外-可见光谱仪中的光源是提供入射光的装置，其主要作用是提供强度足够大的持续辐射。通常采用氢灯和氘灯等气体放电灯为近紫外区的光源，它们可在 160～375nm 范围内产生连续光源。在可见光区通常采用的光源为钨灯和碘钨灯等热辐射光源，其中钨灯发射的波长为 320～2500nm，发光受电压影响，应严格控制灯丝电压以使光源稳定，灯寿命较短。

2.3.2　单色器

单色器的作用是将光源辐射的复合光分解成单色光，是紫外-可见分光光度计的核心。单色器主要包括入射狭缝、准光器（透镜或凹面反射镜）、色散元件、聚集元件、出射狭缝。其中，狭缝决定了单色器的性能，其大小直接影响单色光的纯度，通过调节出射狭缝可使所需波长的单色光透出。

色散元件是单色器的核心部件，主要有棱镜和光栅两种类型。棱镜是通过折射率不同进行分光，主要有玻璃和石英，其中玻璃棱镜只用于可见光区，石英棱镜可用于紫外、可见光和近红外光区。光栅是利用光的衍射及干涉现象使入射复合光发生色散的元件，分为反射光栅和透射光栅，反射光栅较常用。近年来，光栅的刻制复制技术不断改进，其质量也不断地提高，因而作为色散元件应用日益广泛。

2.3.3　吸收池

吸收池的作用是盛载待测样品溶液或参比溶液。吸收池有两种材料：石英吸收池，适用于可见光区和紫外光区；玻璃吸收池主要用于可见光区。在测定过程中，吸收池的光学面必须完全垂直于光束方向。

吸收池要挑选配对（吸收池本身的吸光特征及其光程的精度对测定有影响）；吸收池使用后要彻底清洗、晾干，不许烘烤，以免开裂、变形；操作时勿用手接触其透光面，以保持其透光性。

2.3.4　检测器

检测器的作用是检测从吸收池透射光的强度，并将光强度信号定量地转换为电信号，同时还起到信号放大作用。紫外-可见分光光度计的检测器所采用的检测元件主要为硒光电池、光电管、光电管增管和光电二极管阵列检测器（PDAD）。PDAD 利用光电二极管阵列作检测元件，由数百个甚至上千个光电二极管组成阵列，每个光电二极管测量几十微米的光谱。通过单色器的光含有全部的吸收信息，在阵列上同时被检测，并用电子学方法及计算机技术对二极管阵列进行快速扫描采集数据，由于扫描速度非常快，可以得到三维

（A，λ，t）光谱图。光电二极管阵列检测器具有扫描准确、光谱响应宽等优点。

图 2-4 是以光电二极管阵列为检测器的紫外-可见分光光度计的结构，与以光电倍增管为检测元件的紫外-可见分光光度计相比，单色器的位置是不同的，普通的紫外-可见分光光度计单色器在吸收池（流通池）前面，而以二极管阵列检测器为检测元件的紫外-可见分光光度计的单色器在流通池之后。

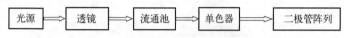

图 2-4 以光电二极管阵列为检测器的紫外-可见分光光度计结构

2.3.5 紫外-可见分光光度计的类型

紫外-可见分光光度计分为单波长和双波长两类。单波长光谱仪又有单光束光谱仪和双光束光谱仪。

2.3.5.1 单波长光谱仪

（1）单波长单光束的光谱仪　单波长单光束的紫外-可见分光光度计只有一个单色器和一个吸收池，如图 2-3 所示，仪器结构简单、操作方便、价格便宜，适用于常规分析。缺点：测定结果易受电源波动的影响。

（2）单波长双光束的光谱仪　单波长双光束的紫外-可见分光光度计光路经单色器分光后，经反射镜分解为强度相等的两束光，一束通过参比池，另一束通过样品池，这样可以同时测定参比溶液和样品溶液的吸收情况，见图 2-5。该类分光光度计的优点：可自动记录吸收光谱，可自动消除光源强度变化引起的误差。

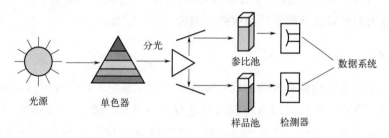

图 2-5 单波长双光束紫外-可见分光光度计

2.3.5.2 双波长光谱仪

双波长紫外-可见分光光度计是通过切光器使两束单色光以一定的时间间隔交替照射同一吸收池，见图 2-6，再由显示器显示出两个波长处的吸光度差值 ΔA，而 ΔA 与样品浓度 c 呈线性关系，见式（2-14）。

$$\Delta A = (\varepsilon_{\lambda_1} - \varepsilon_{\lambda_2})Lc \tag{2-14}$$

该类型分光光度计的优点：可消除背景干扰或共存吸收干扰，提高方法的灵敏度和选择性。

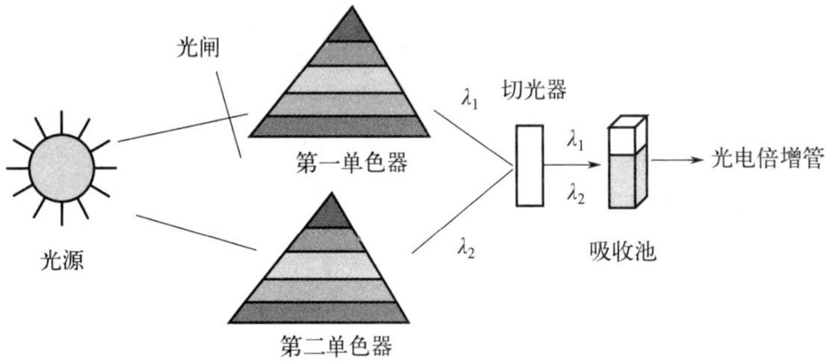

图 2-6　双波长紫外-可见分光光度计

2.3.5.3　多通道光谱仪

多通道光谱仪与常规光谱仪的不同之处在于，它是一种利用光电二极管阵列作为多通道检测器的光谱仪，相比由微电子计算机控制的单光束紫外-可见光谱仪，具有快速扫描吸收光谱的特点。

2.4　实验内容

实验一　有机化合物紫外吸收曲线的绘制及溶剂效应

一、实验目的

1. 熟悉利用紫外-可见光谱仪绘制有机化合物紫外吸收曲线的方法。
2. 了解溶剂环境对化合物紫外吸收曲线的影响。

二、实验原理

每种具有不饱和结构的有机物的紫外吸收曲线各有不同，即化合物的紫外吸收曲线形状由其化学结构决定，据此可以对待测组分进行定性分析。紫外-可见吸收光谱法主要测定的分子跃迁类型为：$n{\rightarrow}\pi^*$ 及 $\pi{\rightarrow}\pi^*$，对应的吸收带为 R 带及 K 带（共轭双键），而含苯环结构的物质还具有特有的 B 带精细结构及 E 吸收带，因而通过紫外吸收曲线的最大吸收波长位置、吸收强度及吸收峰的形状等因素，可以推测化合物可能含有的不饱和基团。影响有机化合物紫外吸收曲线的因素有：助色团的影响、溶剂的极性、溶液的 pH 值等，它们会使曲线的最大吸收峰发生红移或蓝移，从而也可以判断化合物的吸收带类型，进而推测其可能的结构。

三、仪器和试剂

1. 仪器

双光束紫外-可见分光光度计 TU1901（配备参比池和样品池，具备光度测量、光谱扫描、定量测定和蛋白质测量等功能）、电子天平、石英吸收池 6 个、称量瓶、容量瓶、具塞试管、不锈钢药匙、移液管、玻璃棒。

2.试剂

分析纯丙酮和苯酚，去离子水，分析纯乙醇、正己烷、环己烷和甲醇，氢氧化钠。

苯酚标准溶液（0.4mol/L）的配制：在 4 个 50mL 容量瓶中，分别加入准确称取的苯酚 1.68g，分别用环己烷、甲醇、去离子水及 0.1mol/L 氢氧化钠溶液溶解，并定容至 50mL，配制成在 4 种不同溶剂中的苯酚标准溶液。

四、实验步骤

1.溶剂对丙酮（n→π* 跃迁）紫外吸收光谱的影响

在 3 个 25mL 具塞试管中，分别加入 0.10mL 丙酮，分别用水、乙醇、正己烷稀释至刻度，摇匀。从 3 个试管中各取出 1mL 溶液，然后用各自的溶剂稀释 10 倍进行后续测定。用 1cm 厚度的石英吸收池盛装溶液，各自的溶剂作参比溶液，在紫外区做全波长扫描，得到丙酮在 3 种溶剂中的紫外吸收光谱。观察随着溶剂极性的增强，丙酮吸收峰的 λ_{max} 有何变化。

2.溶剂极性和 pH 值对苯酚（π→π* 跃迁）紫外吸收光谱的影响

首先用 50mL 容量瓶，分别配制苯酚在环己烷、甲醇、纯水、0.1mol/L 氢氧化钠溶液等 4 种不同溶剂中的标准溶液，浓度均为 0.4mol/L，然后再用对应的溶剂稀释 10 倍（采用 10mL 容量瓶配制）至浓度为 0.04mol/L。在 4 个 25mL 具塞试管中，分别加入苯酚的环己烷、甲醇、去离子水、0.1mol/L 氢氧化钠溶液各 50μL（浓度均为 0.04mol/L），分别用对应溶剂稀释至刻度，摇匀。用 1cm 石英吸收池盛装溶液，各自的溶剂作参比溶液，在近紫外区做全波长扫描，得到苯酚在 4 种溶剂中的紫外吸收光谱。

注意：严格按照步骤 1、2 中所列顺序测定各溶液。

五、实验结果

将上述两个实验得到的紫外吸收曲线分别打印（或画出，见图 2-7 和图 2-8），并在曲线上标出 1、2、3、4 等吸收曲线各自代表的溶剂。

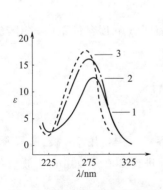

图 2-7　丙酮在不同溶剂中的紫外吸收曲线

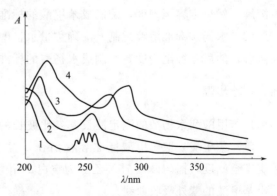

图 2-8　苯酚在不同溶剂中的紫外吸收曲线

六、问题与讨论

1. 当溶剂从非极性转变为极性时，丙酮的紫外吸收光谱有何变化？为什么？
2. 苯酚的紫外吸收曲线在纯水和 0.1mol/L 氢氧化钠溶液中有什么变化？为什么？
3. 在测定丙酮的紫外吸收曲线时，可否用去离子水代替各溶剂作参比？请解释原因。

实验二 双波长分光光度法测定苯甲酸和水杨酸的含量

一、实验目的

1. 掌握利用双波长分光光度法对双组分物质进行定量分析的方法。
2. 掌握等吸收点双波长法消除干扰的测定原理。
3. 熟悉等吸收点双波长法的操作方法。

二、实验原理

根据双波长的紫外分析原理，如果溶液中某溶质在两个波长下均有吸收，则两个波长的吸收差值与溶质的浓度成正比。当 a、b 两种组分共存于溶液中时，如它们的吸收曲线有部分重叠，利用单波长定量测定方法不能满足准确测量其浓度的要求，此时可利用等吸收点双波长法适当选取参比波长，从而消除其中一种组分对另一组分的测定干扰。

三、仪器和试剂

1. 仪器

TU1901 紫外-可见分光光度计（北京普析通用仪器有限公司），配备参比池和样品池，石英吸收池若干。电子天平、药匙、容量瓶、移液管、称量纸、称量瓶、玻璃棒。

2. 试剂

实验所用试剂包括 75％乙醇、未知样品、苯甲酸和水杨酸的标准物质。

（1）苯甲酸标准溶液配制　准确称量苯甲酸 60mg，置于 50mL 容量瓶中，用 75％乙醇溶解，然后定容至刻度，配制成苯甲酸的标准溶液。

（2）水杨酸标准溶液配制　准确称量水杨酸 30mg，置于 50mL 容量瓶中，用 75％乙醇溶解，然后定容至刻度，配制成水杨酸的标准溶液。

四、实验步骤

1. 苯甲酸和水杨酸的测定波长、参比波长的确定

（1）苯甲酸　取苯甲酸标准溶液 3mL，置于 50mL 容量瓶中，用 75％乙醇稀释，然后定容至刻度，摇匀。以 75％乙醇为空白，用分光光度计进行 200～400nm 全波段扫描，绘出苯甲酸的紫外吸收曲线。

（2）水杨酸　取水杨酸标准溶液 3mL，置于 50mL 容量瓶中，用 75％乙醇稀释，定容至刻度，摇匀。以下操作同苯甲酸。在同一坐标内获得水杨酸的紫外吸收曲线

（见图 2-9），并将测定波长填入表 2-1。

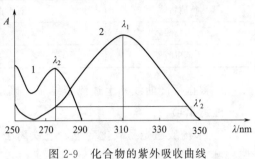

图 2-9　化合物的紫外吸收曲线
1—苯甲酸；2—水杨酸

从图 2-9 中可见，苯甲酸的最大吸收峰受水杨酸的干扰，而水杨酸的最大吸收峰不受苯甲酸的干扰。所以，对于水杨酸，可以采用单波长测定从而求出样品中水杨酸的含量。而对于苯甲酸含量的测定，可以用双波长法找到测定波长（λ_2）和参比波长（λ_2'），填入表 2-1 中，然后在不同浓度下测得 ΔA，填入表 2-2 中，作 ΔA 与浓度的标准曲线就可以求出样品中苯甲酸的含量。

2.苯甲酸标准曲线的绘制

准确量取 1.00mL、2.00mL、3.00mL、4.00mL 的苯甲酸标准溶液，分别置于 50mL 容量瓶中，加 75％乙醇稀释定容至刻度。以 75％乙醇为空白，在 λ_2 和 λ_2' 两波长下分别测定 A_{λ_2}、$A_{\lambda_2'}$，即得 $\Delta A_{苯甲酸} = A_{\lambda_2} - A_{\lambda_2'}$，以 $\Delta A_{苯甲酸}$ 为纵坐标，苯甲酸浓度为横坐标，绘制苯甲酸标准曲线。

3.水杨酸标准曲线的绘制

准确量取 1.00mL、2.00mL、3.00mL、4.00mL 的水杨酸标准溶液，分别置于 50mL 容量瓶中，加 75％乙醇稀释定容至刻度。以 75％乙醇为空白，在水杨酸的测定波长 λ_1 处测定吸光度，以吸光度值为纵坐标、水杨酸浓度为横坐标作图即得水杨酸的标准曲线。

4.样品的测定

取未知样品溶液分别在 λ_1、λ_2 与 λ_2' 处测定吸光度，将上述测定值填入表 2-2，计算得到 $\Delta A_{苯甲酸}$ 和 $A_{水杨酸}$，利用 Excel 或者 Origin 作标准曲线，在相应曲线上找到对应浓度值。

五、实验结果

1.标准曲线的绘制

将实验测得数据填入表 2-1 和表 2-2 中，并利用 Excel 或者 Origin 绘制苯甲酸和水杨酸的标准曲线，确定线性方程和相关系数，填入表 2-3。

表 2-1　两种酸的测定波长及参比波长

测试溶液	测定波长/nm	参比波长/nm
水杨酸		
苯甲酸		

表 2-2　苯甲酸在不同浓度下的吸光度差值和水杨酸在最大吸收波长处的吸光度值（包括未知样）

$c/(\mu g/mL)$	24	48	72	96	未知样
苯甲酸 ΔA					
$c/(\mu g/mL)$	12	24	36	48	未知样
水杨酸 A					

表 2-3 苯甲酸和水杨酸的标准曲线

待测物质	标准曲线方程	线性相关系数
水杨酸		
苯甲酸		

2.根据标准曲线和上述测定结果，确定未知样品中苯甲酸和水杨酸的浓度。

注意事项：

① 水杨酸遇光易氧化变色，遇铁离子易显色，故测试样品时应尽量避光并避免与铁器接触。

② 本实验所用溶剂为 75％乙醇，容易挥发，因此在配制和移取溶液时应快速，移取后容量瓶应及时盖严。

六、问题与讨论

1.为什么等吸收点双波长分光光度法可以不经分离直接测定二元混合物中待测组分的含量？

2.等吸收点双波长法的优点是什么？选择等吸收波长的原则是什么？

实验三 解联立方程组法测定双组分含量

一、实验目的

1.掌握解联立方程组的实验方法，定量测定吸收曲线相互重叠的二元混合物。

2.熟悉紫外-可见分光光度计的仪器操作。

二、实验原理

根据朗伯-比尔定律，用紫外-可见分光光度法可以定量测定在此光谱区有吸收的单一组分。在由两种组分组成的混合物中，若彼此都不影响另一种物质的光吸收性质，可根据相互间光谱重叠的程度，采用相对应的方法来定量测定。如当两组分部分重叠时选择适当的波长，仍可按测定单一组分的方法处理；当两组分吸收峰大部分重叠时，则宜采用解联立方程组或等吸收点双波长法等方法进行测定。

解联立方程组的方法是以朗伯-比尔定律及吸光度的加和性为基础，同时测定吸收光谱曲线相互重叠的二元组分含量的一种方法。

三、仪器和试剂

1.仪器

TU1901 紫外-可见分光光度计，配有参比池和样品池，可在近紫外区和可见光区全波长扫描，石英吸收池若干。电子天平、称量纸、不锈钢药匙、容量瓶、移液管、烧杯、玻璃棒。

2. 试剂

分析纯 $KMnO_4$ 和 $K_2Cr_2O_7$，蒸馏水。分别配制 0.004mol/L $KMnO_4$ 和 $K_2Cr_2O_7$ 标准溶液，用于后续光谱测定。

四、实验步骤

1. 分别取 0.004mol/L $KMnO_4$ 1mL、2mL、3mL、4mL 于容量瓶中，用蒸馏水定容到 10mL，制成浓度分别为 0.0004mol/L、0.0008mol/L、0.0012mol/L、0.0016mol/L 的 $KMnO_4$ 标准工作溶液。

2. 分别取 0.004mol/L $K_2Cr_2O_7$ 1mL、2mL、3mL、4mL 于容量瓶中，用蒸馏水定容到 10mL，制成浓度分别为 0.0004mol/L、0.0008mol/L、0.0012mol/L、0.0016mol/L 的 $K_2Cr_2O_7$ 标准工作溶液。

3. 取未知样品溶液 5mL 用蒸馏水稀释定容到 50mL。

4. 在紫外-可见分光光度计上，利用光谱扫描功能，用 1cm 玻璃吸收池，以蒸馏水为参比溶液，绘制 $KMnO_4$ 和 $K_2Cr_2O_7$ 溶液的紫外吸收光谱（400～700nm），见图 2-10，分别确定 $KMnO_4$ 和 $K_2Cr_2O_7$ 的最大吸收波长。

5. 利用光度测量功能，分别测定上述两个波长下 $KMnO_4$ 和 $K_2Cr_2O_7$ 标准工作溶液的吸光度。

6. 在上述两个波长下测定稀释后的样品溶液的吸光度。

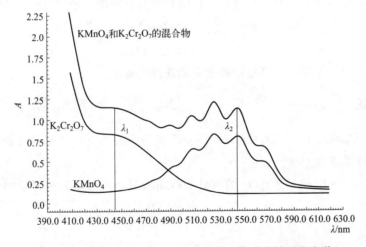

图 2-10　$KMnO_4$ 和 $K_2Cr_2O_7$ 及其混合物的紫外吸收光谱

五、实验结果

1. 首先测定待测组分的紫外吸收曲线，确定组分的最大吸收波长。在 400～700nm 进行光谱扫描，其中 $KMnO_4$ 最大吸收波长为 λ_2，$K_2Cr_2O_7$ 最大吸收波长为 λ_1，请分别给出 λ_1 和 λ_2 的值。

2. 分别在 λ_1 和 λ_2 下测定 $KMnO_4$ 和 $K_2Cr_2O_7$ 不同浓度的标准工作溶液，记录在 λ_1 和 λ_2 下的吸光度，并计算对应的摩尔吸光系数（ε），填入表 2-4。分别求得 λ_1 和 λ_2 下的

4 个摩尔吸光系数（计算平均值）。

表 2-4　KMnO₄ 和 K₂Cr₂O₇ 标准溶液的测定结果

物质	波长/nm	A/ε	标准溶液浓度/(mol/L)				ε 平均值[L/(mol·cm)]
			0.0004	0.0008	0.0012	0.0016	
(a) KMnO₄	λ_1	A					$\varepsilon_{\lambda_1}^{a}=$
		ε					
	λ_2	A					$\varepsilon_{\lambda_2}^{a}=$
		ε					
(b) K₂Cr₂O₇	λ_1	A					$\varepsilon_{\lambda_1}^{b}=$
		ε					
	λ_2	A					$\varepsilon_{\lambda_2}^{b}=$
		ε					

在上述条件下，分别测定两个波长下的待测样品，记录 A_{λ_1} 和 A_{λ_2} 值。

3.根据上述测定的吸光度值以及计算得到的摩尔吸光系数 ε，列出一元二次方程组，求得未知样品中的 KMnO₄（组分 a）和 K₂Cr₂O₇（组分 b）的浓度。

$$A_{\lambda_1} = \varepsilon_{\lambda_1}^{a} L c_a + \varepsilon_{\lambda_1}^{b} L c_b \tag{2-15}$$

$$A_{\lambda_2} = \varepsilon_{\lambda_2}^{a} L c_a + \varepsilon_{\lambda_2}^{b} L c_b \tag{2-16}$$

（1）根据上式分别求得未知样品中重铬酸钾和高锰酸钾的浓度，计算方法见下式：

$$c_b = (A_{\lambda_2} \varepsilon_{\lambda_1}^{a} - A_{\lambda_1} \varepsilon_{\lambda_2}^{a}) / L(\varepsilon_{\lambda_2}^{b} \varepsilon_{\lambda_1}^{a} - \varepsilon_{\lambda_1}^{b} \varepsilon_{\lambda_2}^{a}) \tag{2-17}$$

$$c_a = (A_{\lambda_2} - \varepsilon_{\lambda_2}^{b} L c^{b}) / L \varepsilon_{\lambda_2}^{a} \tag{2-18}$$

（2）分别给出未知样品中高锰酸钾和重铬酸钾的浓度。

六、问题与讨论

1.在测定 KMnO₄ 和 K₂Cr₂O₇ 的标准溶液在两个波长下的摩尔吸光系数时，摩尔吸光系数是否受样品浓度影响？

2.在测定 KMnO₄ 和 K₂Cr₂O₇ 的紫外吸收曲线时，可采用哪种材质的吸收池进行样品测定？

实验四　土壤中有效磷的测定（分光光度法）

一、实验目的

1.学习紫外-可见分光光度法测定土壤中有效磷的原理。

2.掌握用紫外-可见分光光度计测定土壤中有效磷的实验技术。

二、实验原理

使用碳酸氢钠溶液提取土壤中的磷，在酸性条件下，钼锑抗显色剂和磷发生络合反应,生成蓝色络合物,其蓝色的深浅程度表明样品中有效磷含量的高低。使用紫外-可见分光光度计在800nm波长下测定吸光度值,采用标准曲线法定量分析。

三、仪器和试剂

1.仪器

TU1901紫外-可见分光光度计,配有参比池和样品池。恒温(25℃±1℃)往复式或旋转式振荡机,或普通振荡机及恒温室,满足180r/min±20r/min的振荡频率或达到相同效果。塑料瓶,200mL;无磷滤纸。电子天平、酸度计、恒温干燥箱(0~300℃)、容量瓶、称量纸、不锈钢药匙、移液管、烧杯、棕色广口瓶、锥形瓶、20目筛子、研钵。

2.试剂

氢氧化钠、碳酸氢钠、酒石酸锑钾、七钼酸铵、浓硫酸、抗坏血酸、磷酸二氢钾,以上试剂皆为分析纯。蒸馏水、土壤样品。

(1)氢氧化钠溶液[$\rho(NaOH)=100g/L$]　称取10g氢氧化钠溶于100mL水中。

(2)碳酸氢钠浸提剂[$\rho(NaHCO_3)=0.50mol/L$,pH=8.5]　称取42.0g碳酸氢钠溶于约950mL水中,再用100g/L氢氧化钠溶液调节pH值至8.5(用酸度计测定),用水稀释至1L。贮存于聚乙烯瓶或玻璃瓶中备用。

(3)酒石酸锑钾溶液[$\rho(K(SbO)C_4H_4O_6 \cdot 1/2H_2O)=3g/L$]　称取0.3g酒石酸锑钾溶于水中,稀释至100mL。

(4)钼锑贮备液　称取10.0g七钼酸铵[$(NH_4)_6Mo_7O_{24} \cdot H_2O$]溶于300mL约60℃的水中,冷却。另取181mL浓硫酸缓缓注入800mL水中,搅匀,冷却,然后将稀硫酸注入七钼酸铵溶液中,搅匀,冷却,再加入100mL 3g/L酒石酸锑钾溶液,最后用水稀释至2L,盛于棕色瓶中备用。

(5)钼锑抗显色剂　称取0.5g抗坏血酸溶于100mL钼锑贮备液中。

(6)磷标准贮备液[$\rho(P)=100\mu g/mL$]　称取经105℃下烘干2h的磷酸二氢钾(优级纯)0.4390g,用水溶解后,加入5mL浓硫酸,然后加水定容至1000mL。

(7)磷标准溶液[$\rho(P)=5\mu g/mL$]　吸取5.00mL磷标准贮备液于100mL容量瓶中,定容。

四、实验步骤

1.样品提取

称取通过20目筛的风干试样2.50g,置于200mL塑料瓶中,加入25℃±1℃的碳酸氢钠浸提剂50.0mL,摇匀,在25℃±1℃温度下,于振荡器上用180r/min±20r/min的频率振荡30min±1min,然后立即用无磷滤纸过滤于干燥的150mL锥形瓶中。

2.显色反应

吸取滤液10.00mL于25mL容量瓶中,加入显色剂5.00mL慢慢摇动,排出CO_2后加水定容至刻度,充分摇匀。在室温高于20℃放置30min,以空白溶液(以10.00mL碳酸氢钠浸提剂代替土壤浸提剂,同上处理)为参比,用1cm液层厚度的吸收池在波长

800nm 处比色，测量吸光度。

标准曲线绘制：吸取磷标准溶液 0、1.00mL、2.00mL、3.00mL、4.00mL、5.00mL 于 25mL 容量瓶中，加入浸提剂 10.00mL，显色剂 5.00mL，慢慢摇动，排出 CO_2 后加水定容至刻度。测量此系列标准溶液的吸光度，绘制标准曲线。此系列标准溶液中磷的浓度依次为 0、0.20μg/mL、0.40μg/mL、0.60μg/mL、0.80μg/mL、1.00μg/mL。

3.样品测定

样品浸提液在室温高于 20℃ 处放置 30min 后，按上述实验步骤、条件进行比色，测量吸光度，绘制标准曲线或计算线性回归方程。

注意事项：

① 如果土壤有效磷含量较高，应减小浸提液的取样量，并加浸提剂补足至 10.00mL 后显色，以保持显色时溶液的酸度。计算时按所取浸提液的分取倍数计算。

② 用碳酸氢钠溶液浸提有效磷时，温度影响较大，应严格控制浸提温度。

五、实验结果

1.数据处理

土壤样品中有效磷的含量以 mg/kg 表示，按下式计算：

$$有效磷(P) = \frac{[\rho(P)]VD}{m} \tag{2-19}$$

式中，$\rho(P)$ 为查标准曲线方程计算得到测定液中 P 的质量浓度，μg/mL；V 为显色液体积，25mL；D 为分取倍数，即试样浸提液体积/显色时分取体积，本实验为 50/10；m 为风干试样质量，g。

2.有效磷含量

按上式计算风干土壤样品中的有效磷含量，给出测定结果，保留小数点后一位有效数字。

六、问题与讨论

1.在操作过程中为什么采用碳酸钠浸提剂提取土壤样品？

2.为什么在操作过程中要严格保证溶液体积准确？

实验五　蔬菜中亚硝酸盐的测定

一、实验目的

1.学习紫外-可见分光光度法测定蔬菜中亚硝酸盐的原理。

2.掌握紫外-可见分光光度计测定蔬菜中亚硝酸盐的实验技术。

二、实验原理

在弱碱性条件下，用热水从样品中提取亚硝酸根离子，然后用亚铁氰化钾和乙酸锌沉淀蛋白，过滤去除沉淀的蛋白质，收集滤液。向滤液中加磺胺和萘乙二胺盐酸盐，在波长538nm处测量生成的红色复合物的吸光度，计算样品中原有的亚硝酸离子含量。

三、仪器和试剂

1.仪器

TU1901紫外-可见分光光度计，配有参比池和样品池，玻璃或石英吸收池；恒温干燥箱（0～300℃）；恒温水浴锅，温度可调；高速组织捣碎机，10000～12000r/min；电子天平，精度分别为1.0mg和0.1mg；称量纸；不锈钢药匙；锥形瓶，50mL，具有磨口玻璃塞；容量瓶；烧杯；移液管；玻璃棒。实验中所用玻璃器皿需彻底洗净，并用蒸馏水或去离子水冲洗，以确保无亚硝酸离子存在。

2.试剂

实验用水为蒸馏水，试剂不加说明者，均为分析纯试剂。粉末状活性炭使用前应烘干。折成槽纹的滤纸：要求无亚硝酸离子。实验所用溶液按以下要求配制。

（1）饱和硼砂溶液 称取50g硼酸钠，溶于1000mL温水中，冷却至室温。

（2）亚铁氰化钾溶液（0.25mol/L） 称取106g亚铁氰化钾，溶于水，定容至1000mL。

（3）乙酸锌溶液（1mol/L） 称取220g乙酸锌，溶于30mL冰乙酸和水的混合液中，用水定容至1000mL。

（4）显色溶液配制

① 溶液Ⅰ：称取0.4g磺胺，放入盛有160mL水的200mL容量瓶中，在沸水浴上加热溶解。冷却后（必要时过滤）加入20mL盐酸（$\rho_{20}=1.19$g/mL），用水定容至刻度，摇匀，避光保存。

② 溶液Ⅱ：称取0.1g萘乙二胺盐酸盐（$C_{10}H_7NHCH_2CH_2NH_2 \cdot 2HCl$，含量98.5％以上），放入100mL容量瓶中，加水溶解后定容至刻度，摇匀，避光保存。

③ 溶液Ⅲ：量取445mL盐酸（$\rho_{20}=1.19$g/mL），放入1000mL容量瓶中，加水定容至刻度。

（5）亚硝酸钠标准贮备溶液 称取在115℃±5℃下烘至恒重的亚硝酸钠0.1500g，转移至50mL容量瓶中，加水溶解后定容至刻度，摇匀。此溶液含亚硝酸离子2000mg/L。

用移液管吸取亚硝酸钠标准贮备溶液5mL于1000mL容量瓶中，用水定容。该溶液为标准工作溶液，含亚硝酸离子10μg/mL，宜使用时现配。

3.样品的制备

（1）新鲜果蔬 将新鲜蔬菜洗净，晾去表面水分，用四分法取可食部分，切碎，按比例加入一定量水（番茄、橘子等多汁样品可不加水），用捣碎机制成匀浆备用。但在称取试样时，应扣除加水量。

（2）冷冻罐头及酱制品 罐头及酱制品应全部倒出，制成匀浆备用。冷冻制品应先在密闭容器中解冻，混匀，分取一部分备用。

四、实验步骤

1. 试样中亚硝酸盐的提取

依试样中亚硝酸盐和硝酸盐含量的多少，准确称取匀浆样 2~20g（精确到 0.001g）或准确量取 2~20mL，放入 200mL 烧杯中，加入 5mL 饱和硼砂溶液和 100mL 热水（70~80℃），然后置于沸水浴中加热 15min，并不断摇动。取出后冷至室温，再加入 10mL 亚铁氰化钾溶液、10mL 乙酸锌溶液和 1g 活性炭粉，每次加后均充分摇匀。然后定量转入 250mL 容量瓶中，用水定容至刻度，用折成槽纹的滤纸过滤，得无色清亮提取液。

2. 标准曲线的绘制

用移液管吸取亚硝酸钠标准工作溶液（10μg/mL）0、0.5mL、1.0mL、1.5mL、2.0mL、2.5mL、3.0mL，分别放入 7 个 50mL 容量瓶中，各加水至约 30mL。然后依次加入 5.0mL 溶液 I 和 3.0mL 溶液 III 混匀，置于室温下避光处，再加入 1.0mL 溶液 II，混匀，3min 后定容至刻度，即得 50mL 中分别含 0、5μg、10μg、15μg、20μg、25μg、30μg 亚硝酸离子的系列标准工作溶液。于 15min 内，在分光光度计上，用 1cm 厚度吸收池，以亚硝酸离子含量为 0 的溶液为参比，于波长 538nm 处测各标准工作溶液的吸光度。以吸光度为纵坐标，50mL 溶液中亚硝酸离子的质量（μg）为横坐标，绘制标准曲线。

3. 亚硝酸盐的测定

用移液管吸取提取液 10mL 于 50mL 容量瓶中，用水稀释至约 30mL。加入溶液 I 5mL，再加入溶液 III 3mL，混匀。置于室温避光处，再加入溶液 II 1mL，混匀，3min 后用水定容。于 15min 内，用 1cm 厚度吸收池，在波长 538nm 处测其吸光度。根据标准曲线计算相应的亚硝酸离子质量（μg）。

五、实验结果

1. 数据处理

样品中亚硝酸离子含量以 mg/kg 表示，按下述公式计算：

$$w(NO_2^-) = \frac{m_1 V_1}{m_0 V_2} \tag{2-20}$$

式中，$w(NO_2^-)$ 为样品中 NO_2^- 含量，mg/kg；m_1 为根据标准曲线计算的样品溶液中亚硝酸离子质量，μg；m_0 为匀浆样的称取量，g；V_1 为定容体积，250mL；V_2 为吸取过滤液体积，10mL。

2. 亚硝酸盐的含量

按上式计算样品中的亚硝酸盐含量，给出测定结果，保留小数点后两位有效数字。

六、问题与讨论

1. 在显色过程中为什么要加入盐酸？请解释具体原因。
2. 在样品制备过程中为什么要匀浆？

实验六 考马斯亮蓝法测定蛋白质浓度（分光光度法）

一、实验目的

1. 掌握考马斯亮蓝法测定蛋白质浓度的实验方法。
2. 掌握考马斯亮蓝法测定蛋白质浓度的原理及操作方法。

二、实验原理

考马斯亮蓝（coomassie brilliant blue）法测定蛋白质浓度，是利用蛋白质-染料结合的原理，定量地测定微量蛋白浓度的快速、灵敏的方法。考马斯亮蓝 G-250 染料在酸性溶液中与蛋白质结合，使染料的最大吸收峰（λ_{max}）位置由 465nm 转变为 595nm，溶液的颜色也由棕黑色变为蓝色。通过测定 595nm 处光吸收的增加量即可知与其结合蛋白质的量。研究发现，染料主要是与蛋白质中的碱性氨基酸（特别是精氨酸）和芳香族氨基酸残基相结合。

三、仪器和试剂

1. 仪器

紫外分光光度计（配备参比池和样品池）、恒温水浴（0～100℃）、凯氏定氮仪、电子天平、不锈钢药匙、称量纸、玻璃棒、6 个 1.5cm×15cm 试管、试管架、移液管（0.5mL、1mL、5mL 各 2 支）。

2. 试剂

考马斯亮蓝 G-250、无水乙醇、磷酸、蒸馏水、牛血清白蛋白、NaCl 等。

（1）考马斯亮蓝试剂配制：称取考马斯亮蓝 G-250 100mg 溶于 50mL 95％乙醇中，加入 100mL 85％磷酸，用蒸馏水稀释至 1000mL。

（2）标准和待测蛋白质溶液

① 标准蛋白质溶液：结晶牛血清白蛋白预先经微量凯氏定氮法测定蛋白氮含量，根据其纯度用 0.15mol/L NaCl 配制成 1mg/mL 标准蛋白质溶液。

② 待测蛋白质溶液：人血清，使用前用 0.15mol/L NaCl 稀释 200 倍。

四、实验步骤

1. 制作标准曲线

取 7 支试管，按表 2-5 进行实验操作。以 λ_{595nm} 处测定的 A_{595nm} 为纵坐标，标准蛋白含量为横坐标，绘制标准曲线。

表 2-5 标准曲线绘制条件

试管编号	0	1	2	3	4	5	6
标准蛋白质溶液/mL	0	0.01	0.02	0.03	0.04	0.05	0.06
0.15mol/L NaCl/mL	0.1	0.09	0.08	0.07	0.06	0.05	0.04

试管编号	0	1	2	3	4	5	6
考马斯亮蓝试剂				5mL			
摇匀，1h内以0号管为空白对照，在595nm处比色							

2.未知样品蛋白质浓度测定

测定方法同上，取合适的未知样品体积，使其测定值在标准曲线的直线范围内，记录测定的 A_{595nm} 值。

注意事项：

在试剂加入后的5～20min内测定光吸收，因为在这段时间内颜色是最稳定的。测定中，蛋白质-染料复合物会有少部分吸附于比色杯壁上，测定完后可用乙醇将蓝色的比色杯洗干净。

五、实验结果

记录样品所测定的 A_{595nm} 值，根据标准曲线计算标准蛋白质的量及未知样品的蛋白质浓度（mg/mL）。

六、问题与讨论

1.在考马斯亮蓝法测定蛋白质浓度时，哪些物质会干扰蛋白质测定结果？

2.简述考马斯亮蓝法测定蛋白质浓度的实验原理。

第3章

红外光谱法

3.1 基本原理

在电磁波谱上红外光谱介于可见光和微波之间，波长范围为 $0.8\sim1000\mu m$。红外光谱分为三个区间：近红外区、中红外区和远红外区（见图 3-1）。绝大多数有机化合物和无机离子的基频吸收带都出现在中红外区，由于基频振动是红外光谱中吸收最强的振动，所以该区最适于进行红外光谱的定性定量分析。

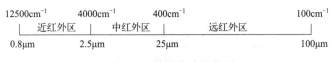

图 3-1 红外光的波长范围

在振动中伴随着分子偶极矩变化的化合物才能产生红外吸收峰，具有不同结构的两个化合物红外光谱一定不同。红外光谱法具有检测速度快、样品用量少和不破坏样品等特点。红外光谱图以波数（cm^{-1}）或辅以波长（μm）为横坐标，以透光率（T）为纵坐标。中红外区波数 $4000\sim400cm^{-1}$，纵坐标为透光率，随官能团吸收强度的增加透光率降低，形成倒峰。

3.1.1 红外光谱产生的原理

3.1.1.1 分子振动形式

红外光谱是分子的振动、转动光谱，因此红外光谱吸收峰的位置和强弱主要取决于分子中各基团（原子团）的振动方式。为了研究方便，常将分子的振动形式做如下分类，见图 3-2。

上面几种振动形式中出现较多的是伸缩振动、剪式振动和面外弯曲振动。按照振动形式的能量排列，一般为不对称伸缩振动＞对称伸缩振动＞剪式振动＞面外弯曲振动，分子振动类型不同也影响其振动频率。

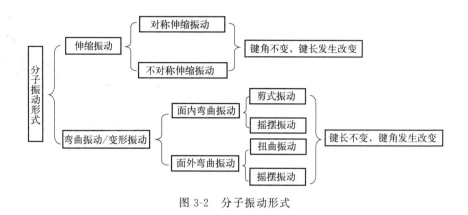

图 3-2　分子振动形式

3.1.1.2　振动吸收峰的数目

原子在三维空间的位置可用 x、y、z 三个坐标表示，称原子有三个自由度，当原子结合成分子时，自由度数目不损失，其分子自由度及振动自由度数目见表 3-1。

表 3-1　分子的振动自由度

参数		自由度数
N 个原子组成的分子		$3N$
平动自由度		3
转动自由度	线性分子	2
	非线性分子	3
振动自由度	线性分子	$3N-5$
	非线性分子	$3N-6$

理论上讲，每个振动自由度（基本振动数）在红外光谱区将产生一个吸收峰。但实际上，一个化合物的红外吸收峰数目往往少于上述理论计算。其原因是多方面的：没有分子偶极矩（μ）变化的振动，即 $\Delta\mu=0$，无红外吸收峰；振动频率相同的峰会发生简并；弱而窄的吸收峰被与之频率相近的强峰所覆盖。

3.1.2　红外光谱的特征吸收峰与分子结构的关系

分子的化学结构不同，其红外光谱也存在差异，因此物质的红外光谱是其分子结构的反映。谱图中的吸收峰均与分子中各基团的振动形式相对应，具有很强的吸收规律。组成分子的各种基团，如 $O-H$、$N-H$、$C-H$、$C\equiv C$、$C=C$、$C-O$ 等都有其特征吸收峰，分子中的其他部分对其影响较小。

为便于红外光谱的解析，确认特征吸收峰所代表的基团，常将红外谱图分为基团区和指纹区。

3.1.2.1　基团区（4000~1300cm^{-1}）

基团的特征吸收峰多出现在该区内，吸收峰较强而稀疏，特征明显。此区又分为三个波段：4000～2500cm^{-1} 主要为 O—H、N—H、C—H 等基团的伸缩振动区；2500～2000cm^{-1} 为 C≡C 和 C≡N 等三键基团的伸缩振动区；2000～1500cm^{-1} 为 C=C、C=O 和 C=N 等双键的伸缩振动区，见表 3-2。

3.1.2.2 指纹区（1300～600cm^{-1}）

各种不同的化合物都具有特殊的指纹区，该区除伸缩振动外，还有弯曲振动产生的复杂光谱。受分子结构影响较大，不易确定各特征吸收峰的归属。

表 3-2 红外光谱的主要区段

波长/μm	波数/cm^{-1}	引起吸收的基团	化合物类别
2.7～3.3	3750～3000	ν_{O-H}，ν_{N-H}	醇、酚、胺、酰胺
3.0～3.3	3300～3000	ν_{C-H}（—C≡C—H，>C=C<H，Ar—H）	炔、烯、芳香化合物
3.3～3.7	3000～2700	ν_{C-H}（—CH$_3$，>CH$_2$，>CH—，—CHO）	烷烃、醛类化合物
5.3～6.1	1900～1650	$\nu_{C=O}$	醛、酮、羧酸、酯
6.0～6.7	1675～1500	$\nu_{C=C}$（脂、芳族），$\nu_{N=O}$	烯、芳香化合物、硝基化合物
6.8～7.7	1475～1300	δ_{C-H}	烷烃
7.7～10.0	1300～1000	ν_{C-O}，ν_{C-N}	醇、醚、羧酸、酯、胺
10.0～15.4	1000～650	δ_{C-H}，δ_{Ar-H}（面外）	取代烯烃、取代苯

注：ν 表示伸缩振动，δ 表示弯曲振动。

红外吸收峰的位置取决于各化学键的振动频率。化学键的力常数 k 越大，原子折合质量越小，键的振动频率越大，吸收峰将出现在高波数区（低波长区）；反之，出现在低波数区（高波长区）。能级变化大的吸收峰在高波数区。分子化学结构的变化，以及溶剂和氢键等因素都会影响吸收峰的波数。其中内部因素主要包括电子效应、空间效应、氢键、振动耦合、样品的物理状态等；外部因素包括溶剂的影响及仪器色散元件的影响。

3.2 分析方法

除旋光异构体、某些高分子量的高聚物以及在分子量上只有微小差异的化合物外，凡是具有不同结构的两个化合物，一定不会有相同的红外光谱。因此，红外光谱法是鉴定化合物和测定分子结构最有用的方法之一，广泛用于有机化合物的定性鉴定和结构分析。

3.2.1 定性分析

3.2.1.1 已知物的结构鉴定

将试样的谱图与标准物质的谱图进行对照，或者与文献上的谱图进行对照，根据两张谱图各吸收峰的位置和形状、峰的相对强度，就可以初步判定是否是相同物质。如用计算机谱图检索，则采用相似度来判别。

3.2.1.2 未知物质结构测定

测定未知物的结构是红外光谱法定性分析的一个重要用途，可采用以下两种方法定性：

① 查阅标准谱图的谱带索引，寻找与试样光谱吸收带相同的标准谱图。

② 进行光谱解析，判断试样的可能结构。对于简单化合物，可初步确定分子结构，然后与标准谱图核实；对于复杂的全未知化合物，必须配合核磁共振波谱法、质谱法、元素分析及理化性质综合确定。

3.2.2 定量分析

红外光谱法属于吸收光谱法，其定量分析的依据与紫外-可见光谱分析法一样，也是基于朗伯-比尔定律。红外光谱法能定量测定气体、液体和固体样品，但灵敏度较低，不适于微量组分的测定。

3.2.3 样品制备

为了提高红外光谱图的质量，必须选择合适的样品制备方法。气态、液态和固态样品均可测定红外光谱，但以固体样品最为方便。

3.2.3.1 对样品的主要要求

① 必须事先将样品提纯至 98% 以上，以避免杂质的干扰，取得质量较好的红外光谱图。

② 样品应不含水分，因为水中的羟基对红外光有较强的吸收。含水或溶剂的样品要做好干燥处理。

③ 所有溶剂必须对红外光无吸收现象，以免对待测组分造成干扰。常用的溶剂为 CCl_4（适用于 $4000 \sim 1350 cm^{-1}$）、CS_2（适用于 $1350 \sim 600 cm^{-1}$）等，不得使用水作溶剂。

3.2.3.2 样品制备方法

（1）气体样品　气体样品一般采用气体吸收池进行测定，气体吸收池的池体用玻璃制造，带有两个充气活塞，分别为入气口和排气口。充气时，先通过排气口活塞将吸收池内抽真空，然后再通过入气口活塞充入样品气进行测定。

（2）液体样品　液体样品常用夹片法、涂片法和液体池法制样。

① 夹片法　该法适用于不易挥发的液体样品，方法简单易操作。做法是将液体样品滴在一片空白的 KBr 盐片上，再盖上另一片 KBr 盐片，夹紧后即可用于测量。

② 涂片法　黏度较大的液体样品可直接涂在一片空白的 KBr 盐片上，形成一薄层，然后进行光谱扫描。

③液体池法　将液体样品用适当溶剂溶解后装入专用的液体吸收池中测量。液体吸收池的池体用玻璃制造，两端的透光窗用无红外干扰的 NaCl 或 KBr 盐片制造。液体吸收法是分析液体样品最常用的方法。

（3）固体样品　固体样品的制备，除可用液体池法外，还常用压片法、糊剂法及薄膜法。

① 压片法　该方法是分析固体样品最常用的方法。将待测样品研成粉末状，与一定量粉末状的载体混合，用高压压成透明、很硬的样品片，然后扫描其红外光谱。

常用的载体是经干燥的光谱纯 KBr 粉末，KBr 在 $4000\sim400 cm^{-1}$ 的整个中红外波段均无吸收，是很理想的红外光谱扫描载体材料。载体在使用前应进行干燥。

② 糊剂法　糊剂法是将样品研细后与少量悬浮剂混合，调成糊剂，取适量用夹片法测量。常用悬浮剂如液体石蜡（适用于 $400\sim1300 cm^{-1}$）、全氟代烃（适用于 $1300\sim400 cm^{-1}$）。例如，固体样品 10mg 研细，滴加几滴液体石蜡或全氟代烃等研成糊剂，即可用夹片法测量。

③ 薄膜法　该法主要用于高分子化合物的测量。将样品加热，然后压成薄膜；或用易挥发的溶剂溶解，涂于空白 KBr 盐片上，待溶剂挥发掉后，样品则遗留在 KBr 盐片上形成薄膜，将薄膜插入光路即可测量。

3.3　仪器结构与原理

目前，红外分光光度计主要有两大类型：色散型红外分光光度计和傅里叶变换红外分光光度计。后者的扫描速度、波数精度、波数范围、分辨率、灵敏度及检出限等各方面性能都优于前者，已成为当前红外分光光度计的主流仪器。

3.3.1　色散型红外分光光度计

红外分光光度计也是测量物质对光的吸收，色散型红外分光光度计的组成包括：光源、样品池、单色器、检测器及记录仪，见图 3-3。

光源 → 样品池 → 单色器 → 检测器 → 数据处理系统

图 3-3　色散型红外分光光度计的结构

3.3.1.1　光源

红外分光光度计的光源应能发出高强度的连续红外光，常用的有硅碳棒和能斯特（Nernst）灯。

（1）硅碳棒　将直径约 5mm、长约 50mm 的碳化硅棒用低电压大电流加热至1300℃，即可发出波数连续的红外光。硅碳棒光源构造简单、价格便宜、操作方便、表面发光均匀、波长范围宽，但发光强度低。

（2）能斯特灯　是用氧化锆、氧化钍及氧化钇等难熔氧化物烧结成的长约 30mm、直径 2mm 的细棒。能斯特灯发光前需由辅助加热器预热，然后加热至 1500℃ 左右时，即发出连续红外光。其优点是发光强度高，约为硅碳棒的两倍，发光稳定性好；缺点是机械强度差易断裂，经常开关也会缩短它的寿命。

3.3.1.2　样品池

红外分光光度计的样品池种类较多，有气体样品池和液体样品池。液体样品池又有固定样品池和可拆卸样品池。红外光谱测试所需的样品池窗片一定要红外透明，一般是用 NaCl、KBr 等盐晶制成，不能用玻璃或石英。含水分较多的样品或样品的水溶液，需用耐腐蚀的 CaF_2、AgCl 窗片。

3.3.1.3　单色器

红外分光光度计的单色器构造与紫外-可见分光光度计相似，也是由入射狭缝、准直镜、色散元件（棱镜或光栅）以及聚光镜、出射狭缝组成。其中各透光材料（如棱镜等）也用 NaCl、KBr 等盐的晶体制造。

3.3.1.4　检测器

红外光的光量子能量较低，没有光电效应，因此红外检测器是根据红外光的热效应设计的。色散型红外分光光度计常用的检测器是高真空热电偶，热电偶检测器响应速度较慢、灵敏度较低。

3.3.2　傅里叶变换红外分光光度计

博里叶变换红外分光光度计（FTIR）的结构和原理与色散型红外分光光度计有很大区别，它是由光源（硅碳棒、高压汞灯）、干涉仪、样品池、检测器、电子计算机、记录仪等部分组成，如图 3-4 所示。

光源 → 干涉仪 → 样品池 → 检测器 → 记录系统

图 3-4　傅里叶变换红外分光光度计的结构

3.3.2.1　干涉仪

傅里叶变换红外分光光度计与色散型红外分光光度计的主要区别在于干涉仪部分，傅里叶变换红外分光光度计的核心部分为干涉仪，它将从光源来的信号以干涉图的形式送往计算机进行 Fourier 变换的数学处理，最后将干涉图还原成光谱图。

3.3.2.2　检测器

傅里叶变换红外分光光度计用热释电检测器，它是以氘化三甘氨酸硫酸酯（DTGS）

为热敏元件，这种检测器响应速度较热电偶快，可用于傅里叶变换红外分光光度计。

3.3.2.3 光源和样品池

傅里叶变换红外分光光度计的光源和样品池与色散型红外分光光度计相同。傅里叶变换红外分光光度计去掉了单色器，增加了干涉仪。傅里叶变换红外分光光度计扫描速度快、灵敏度高、波数精度及分辨率高，还具有可自动进行图谱检索、贮存等优点。

3.4 实验内容

实验一 红外光谱仪的基本操作及分析方法（压片法）

一、实验目的

1. 掌握红外光谱仪的基本结构及工作原理。
2. 掌握红外光谱测定的样品制备方法。
3. 熟悉傅里叶变换红外光谱仪的仪器操作。

二、实验原理

红外吸收光谱法是利用分子对红外光的吸收，从而产生分子的振动和转动能级跃迁，获得与分子结构相对应的红外谱图，通过研究物质结构与红外吸收光谱间的关系来对物质进行结构鉴定的分析方法。

测定未知物结构是红外光谱定性分析的一个重要用途。根据实验所测绘的红外光谱图的吸收峰位置、强度和形状，利用基团振动频率与分子结构的关系来确定吸收带的归属，确认分子中所含的基团或化学键，并推断分子的化学结构。

三、仪器和试剂

1. 仪器

IRAffinnity-1s 型傅里叶变换红外光谱仪，配备有 YP-2 型压片机、玛瑙研钵、药匙；恒温干燥箱（0~300℃）。

2. 试剂

甲草胺原药（$C_{14}H_{20}ClNO_2$，CAS 号：15972-60-8，纯度＞96%），结构见图 3-5；光谱纯 KBr（用前 120℃ 烘 2h）。

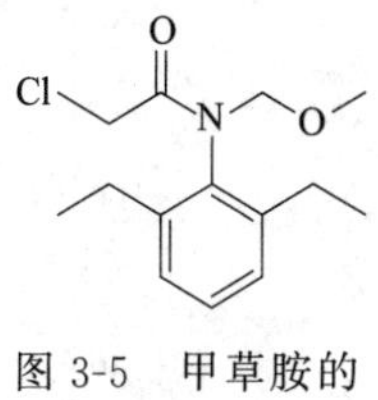

图 3-5 甲草胺的化学结构

四、实验步骤

1. 了解 IRAffinnity-1s 型红外光谱仪的基本结构及工作原理，掌握样品的压片方法。压片：首先放置适量的光谱纯 KBr 于研钵中，研磨使其成均匀粉末；然后将研磨后的 KBr 加入压片模具中，扫去多余的 KBr，装好模具，放到压片机中加压，保持 5min；泄压，取出所制的盐片，应为透明均匀的薄片。将盐片放到光路中，进行光谱扫描。

2.红外光谱仪的准备

（1）打开红外光谱仪电源开关，待仪器稳定 30min 以上，方可测定。

（2）打开电脑，进入 Windows 系统，打开红外软件 Spectrum，进入软件界面，设置参数。

（3）实验参数设置：横坐标单位波数、开始 $4000cm^{-1}$、分辨率 $4cm^{-1}$、扫描样品类型、扫描单位 $T\%$、结束 $450cm^{-1}$、数据间隔、扫描范围 $1cm^{-1}$、累积量 1。

3.红外光谱图的测试

（1）将光谱纯 KBr 粉末研磨后，放入压模内，在压片机上加压，压力约 15MPa，3min 后制成厚约 1mm、直径约 10mm 的透明薄片。KBr 晶片应无裂痕、局部无发白现象、厚度均匀、呈透明状，否则需要重新压片。取出后放在样品架上，插入光路中，点击软件界面的基底，进行基底扫描。

（2）将 1mg 左右的待测样品与光谱纯 KBr 粉末混匀研磨后，放入压模内，按照上述方法压片，制成透明薄片。取出后放在样品架上，插入光路中，以纯 KBr 薄片为参比，点软件界面的扫描，进行红外扫描，绘制样品的红外光谱图。

扫谱结束后，取下样品架，取出薄片，按要求将模具、样品架等清理干净，妥善保管。

注意事项：

本实验所用红外光谱仪需在干燥的环境中运行，仪器内放置的干燥剂要定期更换，实验结束后要将干燥剂放回仪器内。实验样品及 KBr 在实验前需要干燥，去除其中的水分。

五、实验结果

给出实验中绘制的待测物质的红外光谱图，找到主要的特征吸收峰，记录其吸收峰的波数、峰形及强度，对各谱峰进行归属，分析其对应的官能团，进行谱图解析。将图 3-6 中 1~5 号谱峰的解析结果填入表 3-3 中。

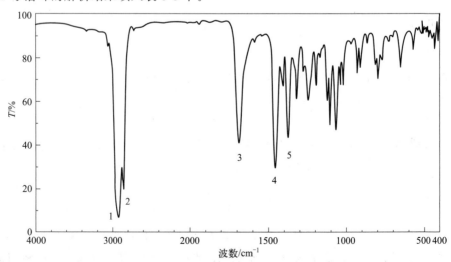

图 3-6 甲草胺的红外光谱

表 3-3　甲草胺红外光谱解析

谱峰编号	对应的官能团
1	
2	
3	
4	
5	

六、问题与讨论

1. 红外光谱法能否测定氧气及氮气等气体？
2. 红外光谱分析时采用压片法制样，KBr 或固体样品为什么要研磨至很细的颗粒？

实验二　红外光谱法测定聚合物（薄膜法）

一、实验目的

1. 熟悉红外光谱仪测定聚合物的实验步骤。
2. 掌握红外光谱法测定的样品制备技术。
3. 了解红外光谱法在有机化合物结构鉴定中的应用。

二、实验原理

红外吸收光谱法是通过研究物质结构与红外吸收光谱间的关系来对物质进行分析的，主要利用红外光谱图中吸收峰谱带的位置和峰的强度加以表征。

红外光谱法可以提供化合物中所含官能团信息，不同官能团的振动频率不同，根据化合物的特征频率对化合物进行定性。高聚物在高温熔融下通过加压可以制成透明的薄膜，入射光照射聚合物的薄膜，通过检测器测定透过薄膜的光，可以确定聚合物的特征官能团，从而对其结构进行解析。

三、仪器和试剂

1. 仪器

IRAffinnity-1s 型傅里叶变换红外光谱仪，配备 YP-2 型压片机和玛瑙研钵、药匙等；恒温干燥箱（0～300℃）。

2. 试剂

聚苯乙烯薄膜（其化学结构见图 3-7）、光谱纯 KBr（使用前 120℃干燥）。

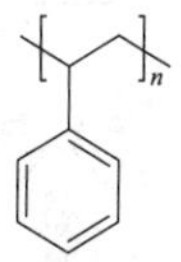

图 3-7　聚苯乙烯的化学结构

四、实验步骤

1. 了解 IRAffinnity-1s 型傅里叶变换红外光谱仪的基本结构及工作原理，掌握样品的制备方法。

2.红外光谱仪的准备

（1）打开红外光谱仪电源开关，待仪器稳定 30min 以上，方可测定。

（2）打开电脑，进入 Windows 系统，打开红外软件 Spectrum，进入软件界面，设置参数。

（3）实验参数设置：横坐标单位波数、开始 $4000cm^{-1}$、分辨率 $4cm^{-1}$、扫描样品类型、扫描单位 $T\%$、结束 $450cm^{-1}$、数据间隔、扫描范围 $1cm^{-1}$、累积量 1。

3.红外光谱图的测试

（1）将光谱纯 KBr 粉末研磨后，放入压模内，在压片机上加压，压力约 15MPa，3min 后制成厚约 1mm、直径约 10mm 的透明薄片。取出后放在样品架上，插入光路中，点击软件界面的基底，进行基底扫描。

（2）将聚苯乙烯薄膜，插入光路中，以纯 KBr 制备的薄片为参比，点软件界面的扫描，进行红外扫描，绘制待测组分的红外谱图。

扫谱结束后，取下样品架，取出薄片，按要求将模具、样品架等清理干净，妥善保管。

注意事项：

本实验所用红外光谱仪需干燥环境，仪器内放置的干燥剂要定期更换，实验结束后要将干燥剂放回仪器内。

五、实验结果

列出实验获得的红外光谱图，进行谱图解析。试解析图 3-8 中谱峰 1（$3100cm^{-1}$）、2（$2950cm^{-1}$）、3（$1600cm^{-1}$）、4（$1500cm^{-1}$）、5（$1450cm^{-1}$）对应的振动跃迁类型，分析其官能团，将解析结果填入表 3-4 中。

表 3-4　聚苯乙烯的红外光谱解析

谱峰编号	对应的官能团
1	
2	
3	
4	
5	

六、问题与讨论

1.聚苯乙烯红外光谱图中指纹区的谱峰是否可确定其苯环上的取代基情况？

2.采用红外吸收光谱分析时对固体试样的制片有何要求？

3.红外光谱实验室的温度和相对湿度为什么要维持一定的指标？

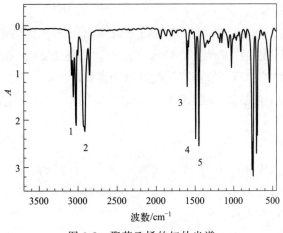

图 3-8 聚苯乙烯的红外光谱

实验三 红外光谱法定性分析未知样品（压片法）

一、实验目的

1. 掌握红外光谱法测定固体样品的制备方法。
2. 熟悉红外光谱法对未知化合物的定性分析原理及实验操作。

二、实验原理

红外光谱法的原理是分子吸收红外辐射后，产生分子的振动和转动能级跃迁，分子的红外光谱与其化学结构有对应关系，不同的化合物其红外光谱具有显著差异。因而，可以利用分子的红外光谱对其结构进行鉴定。

测定未知物结构是红外光谱法定性分析的一个重要应用。根据实验所测绘的红外光谱图中吸收峰位置、强度和形状，利用基团振动频率与分子结构的关系，来确定吸收谱峰的归属，确认分子中所含的基团或化学键，从而推断分子可能含有的结构。

三、仪器和试剂

1. 仪器

IRAffinnity-1s 型傅里叶变换红外光谱仪，配有 YP-2 型压片机、玛瑙研钵和药匙；恒温干燥箱（0～300℃）。

2. 试剂

未知化合物粉末；光谱纯 KBr（使用前需干燥）。

四、实验步骤

1. 将光谱纯 KBr 粉末研磨后，放入压模内，在压片机上加压，压力约 15MPa，3min 后制成厚约 1mm、直径约 10mm 的透明薄片。KBr 晶片应无裂痕、局部无发白现象、厚度均匀、呈透明状，否则需要重新压片。取出后放在样品架上，插入光路中，点击软件界面的基底，进行基底扫描。

2.将 1mg 左右的未知化合物粉末样品与光谱纯 KBr 粉末混匀研磨后，放入压模内，制成透明薄片。取出后放在样品架上，插入光路中，以纯 KBr 制备的薄片为参比，点软件界面的扫描，进行红外扫描，绘制样品的红外谱图。

3.扫谱结束后，取下样品架，取出薄片，按要求将模具、样品架等清理干净，妥善保管。

五、实验结果

进行谱图解析，图 3-9 中谱峰 1（3300cm^{-1}），谱峰 2（2240cm^{-1}），谱峰 3（1600cm^{-1}），同时含有 1500cm^{-1}、1450cm^{-1} 的谱峰，根据谱图信息分析该化合物可能含有的官能团，将解析结果填入表 3-5。

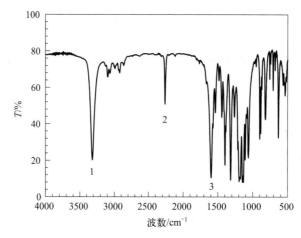

图 3-9　未知物的红外光谱

表 3-5　未知物的红外光谱解析

谱峰编号	对应的官能团
1	
2	
3	

六、问题与讨论

1.只采用红外光谱提供的信息，是否就能够对待测物质进行准确定性？

2.在红外光谱图中，在双键区通过哪些谱峰信息可以推断化合物中含有苯环结构？

实验四　阿维菌素的红外光谱分析

一、实验目的

1.掌握红外光谱仪的基本结构及工作原理。

2.掌握红外光谱测定的样品制备方法。

3.熟悉傅里叶变换红外光谱仪的仪器操作。

二、实验原理

红外吸收光谱法是通过研究物质结构与红外吸收光谱的特征吸收峰间的关系，来对物质进行分析的，主要利用红外光谱图中吸收峰谱带的位置和峰的强度加以表征。

红外光谱法可以对化合物进行结构鉴定。在相同的分析条件下，通过比较待测物质与标准物质的红外谱图，主要比较待测物与标准物质的吸收峰位置、强度和形状，如果待测物质的红外谱图与标准物质的红外谱图能够完全对应，可初步确定其可能是同一种物质，从而对待测物进行定性。

三、仪器和试剂

1.仪器

IRAffinnity-1s 型傅里叶变换红外光谱仪，配备压片机、玛瑙研钵和药匙；恒温干燥箱（0～300℃）。

2.试剂

阿维菌素（B_{1a}，分子式 $C_{48}H_{72}O_{14}$）原药（纯度＞96％），其化学结构见图 3-10；光谱纯 KBr（实验前 120℃干燥）。

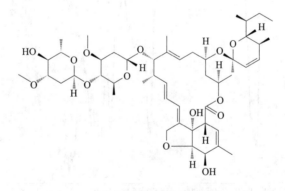

图 3-10　阿维菌素的化学结构

四、实验步骤

1.了解 IRAffinnity-1s 型傅里叶变换红外光谱仪的基本结构及工作原理，掌握固体样品的制备方法。

2.红外光谱仪的准备

（1）打开红外光谱仪电源开关，待仪器稳定 30min 以上，方可测定。

（2）打开电脑，进入 Windows 系统，打开红外软件 Spectrum，进入软件界面，设置参数。

（3）实验参数设置：横坐标单位波数、开始 $4000cm^{-1}$、分辨率 $4cm^{-1}$、扫描样品类型、扫描单位 $T\%$、结束 $450\mathrm{cm}^{-1}$、数据间隔、扫描范围 $1\mathrm{cm}^{-1}$、累积量 1。

3. 红外光谱图的测定

（1）将光谱纯 KBr 粉末研磨后，放入压模内，在压片机上加压，压力约 15MPa，3min 后制成厚约 1mm、直径约 10mm 的透明薄片。KBr 晶片应无裂痕、局部无发白现象、厚度均匀、呈透明状，否则需要重新压片。取出后放入样品架中，插入仪器的光路中，点击软件界面的基底，进行基底扫描。

（2）将 1mg 左右的阿维菌素样品与光谱纯 KBr 粉末混匀研磨后，放入压模内，制成透明薄片。取出后放入样品架中，插入仪器的光路中，以纯 KBr 薄片为参比，点软件界面的扫描，进行红外扫描，绘制样品的红外光谱。

扫谱结束后，取下样品架，取出薄片，按要求将模具、样品架等清理干净，妥善保管。

五、实验结果

下面列出实验获得的阿维菌素的红外光谱图（见图 3-11），其中谱峰 1～5 为其主要的特征吸收峰，请对上述谱峰进行解析，确定相应的官能团，并将解析信息填入表 3-6 中。

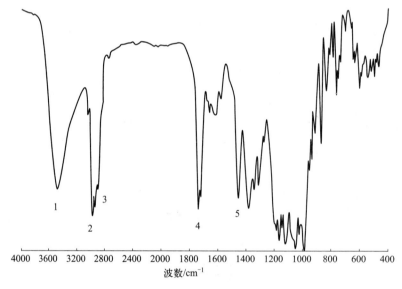

图 3-11　阿维菌素的红外光谱

表 3-6　阿维菌素的红外光谱解析

谱峰编号	对应的官能团
1	
2	
3	
4	
5	

六、问题与讨论

1. 红外光谱仪为什么需要放置在干燥环境中？请解释原因。

2. 只采用红外光谱提供的谱图信息，是否就能够对阿维菌素进行准确定性？

实验五 红外光谱法分析芦丁（压片法）

一、实验目的

1. 掌握红外光谱仪的仪器结构及工作原理。

2. 熟悉红外光谱法对天然产物活性成分进行结构鉴定的方法。

3. 掌握傅里叶变换红外光谱仪的仪器操作。

二、实验原理

红外光谱法可根据待测物质的红外吸收峰数目、吸收峰位置、吸收峰的形状及强度等信息，判断化合物中可能存在的特征官能团，从而为化合物的结构鉴定提供信息。

天然产物中的活性成分结构复杂，如芦丁，是一种天然黄酮苷，其配糖体葡萄糖和鼠李糖上有多个 O—H 基团，同时还含有 C ＝O 和苯环结构，而这些官能团或化学键在红外光谱中都存在特征吸收峰，可根据其红外谱图判断其中可能含有的官能团，为化合物结构鉴定提供重要依据。

三、仪器和试剂

1. 仪器

IRAffinnity-1s 型傅里叶变换红外光谱仪，配备压片机、玛瑙研钵和药匙；恒温干燥箱（0～300℃）。

2. 试剂

芦丁（分子式 $C_{27}H_{30}O_{16}$）标准品（纯度＞98%），其化学结构见图 3-12；光谱纯 KBr（实验前 120℃干燥）。

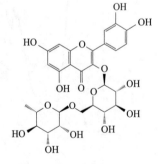

图 3-12 芦丁的化学结构

四、实验步骤

1. 了解 IRAffinnity-1s 型傅里叶变换红外光谱仪的基本结构及工作原理，掌握固体样品的制备方法。

2. 红外光谱仪的准备

（1）打开红外光谱仪电源开关，待仪器稳定 30min 以上，方可测定。

（2）打开电脑，进入 Windows 系统，打开红外软件 Spectrum，进入软件界面，设置参数。

（3）实验参数设置：横坐标单位波数、开始 4000cm^{-1}、分辨率 4cm^{-1}、扫描样品类型、扫描单位 $T\%$、结束 450cm^{-1}、数据间隔、扫描范围 1cm^{-1}、累积量 1。

3.红外光谱图的测定

（1）将光谱纯 KBr 粉末研磨后，放入压模内，在压片机上加压，压力约 15MPa，3min 后制成厚约 1mm、直径约 10mm 的透明薄片。KBr 晶片应无裂痕、局部无发白现象、厚度均匀、呈透明状，否则需要重新压片。取出后放入样品架中，插入光路中，点击软件界面的基底，进行基底扫描。

（2）将 1mg 左右的芦丁样品与光谱纯 KBr 粉末混匀研磨后，放入压模内，制成透明薄片。取出后放入样品架中，插入仪器的光路中，以纯 KBr 薄片为参比，点软件界面的扫描，进行红外扫描，绘制样品的红外光谱图。

扫谱结束后，取下样品架，取出薄片，按要求将模具、样品架等清理干净，妥善保管。

注意事项：

本实验所用红外光谱仪需干燥环境，仪器内放置的干燥剂要定期更换，实验结束后要将干燥剂放回仪器内，并清洗研钵和药匙。

五、实验结果

下面列出实验获得的芦丁的红外光谱（见图 3-13），对其中主要的谱峰 $3418cm^{-1}$、$2984cm^{-1}$、$1656cm^{-1}$、$1605cm^{-1}$、$1495cm^{-1}$ 进行解析，确定相应的官能团，将解析信息填入表 3-7 中。

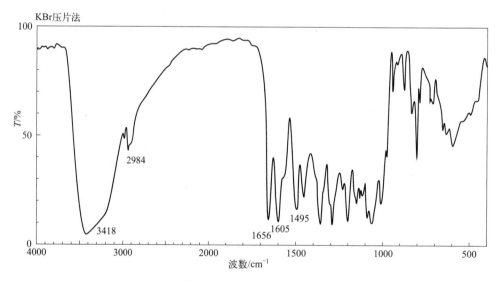

图 3-13　芦丁的红外光谱

表 3-7　芦丁红外光谱的主要谱峰解析

谱峰波数/cm^{-1}	对应的官能团
3418	
2984	
1656	
1605	
1495	

六、问题与讨论

1.在芦丁的红外光谱图中，其波数为 $3418cm^{-1}$ 的谱峰为什么是很宽的谱峰？请解释原因。

2.在芦丁的红外光谱图中，根据哪些谱峰信息可以确定其结构中含有苯环？

实验六　红外光谱法分析肉桂酸（压片法）

一、实验目的

1.掌握红外光谱仪的仪器结构及工作原理。

2.掌握固体样品的制样方法——压片法。

3.熟悉红外光谱法对肉桂酸进行结构鉴定的方法。

二、实验原理

当一定频率的红外光照射样品时，如其提供的能量与分子中某个基团的振动能级跃迁所需要的能量相等，就会发生该基团的振动能级跃迁，产生对应的红外吸收峰。用连续改变频率的红外光照射试样时，记录分子吸收红外光的状况，即可得到分子的红外光谱。各种分子基团基频峰的频率及位移规律不同，因此可以通过红外光谱法确定有机化合物中存在的官能团和可能的分子结构。

肉桂酸，化学名称 3-苯基-2-丙烯酸，是从肉桂皮或安息香中分离出来的一种有机酸，主要用于香精香料、食品添加剂、医药工业、美容、农药、有机合成等方面。其结构中主要含有一个苯环、一个 C=C 双键和羧酸基团，因而在红外谱图中含有 O—H、C=O 及苯环的特征吸收峰，可根据其红外谱图判断其中可能含有的官能团，为化合物结构鉴定提供重要依据。

三、仪器和试剂

1.仪器

IRAffinnity-1s 型傅里叶变换红外光谱仪，配备压片机、玛瑙研钵和药匙。

2.试剂

肉桂酸（分子式 $C_9H_8O_2$）标准品（纯度＞98%），其化学结构见图 3-14；光谱纯 KBr（实验前 120℃干燥）。

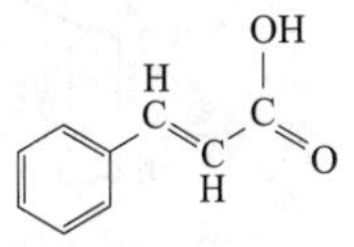

图 3-14　肉桂酸的化学结构

四、实验步骤

1.了解 IRAffinnity-1s 型傅里叶变换红外光谱仪的基本结构及工作原理，掌握固体样品的制备方法。

2.红外光谱仪的准备

（1）打开红外光谱仪电源开关，待仪器稳定 30min 以上，方可测定。

（2）打开电脑，进入 Windows 系统，打开红外软件 Spectrum，进入软件界面，设置参数。

（3）实验参数设置：横坐标单位波数、开始 $4000cm^{-1}$、分辨率 $4cm^{-1}$、扫描样品类型、扫描单位 $T\%$。结束 $450cm^{-1}$、数据间隔、扫描范围 $1cm^{-1}$、累积量 1。

3.红外光谱图的测定

（1）将光谱纯 KBr 粉末研磨后，放入压模内，在压片机上加压，压力约 15MPa，3min 后制成厚约 1mm、直径约 10mm 的透明薄片。KBr 晶片应无裂痕、局部无发白现象、厚度均匀、呈透明状，否则需要重新压片。取出后放入样品架中，插入仪器的光路中，点击软件界面的基底，进行基底扫描。

（2）将 1mg 左右的肉桂酸样品与光谱纯 KBr 粉末混匀研磨后，放入压模内，制成透明薄片。取出后放入样品架中，插入仪器的光路中，点软件界面的扫描，进行红外扫描，绘制样品的红外谱图。

扫谱结束后，取下样品架，取出薄片，按要求将模具、样品架等清理干净，妥善保管。

注意事项：

本实验所用红外光谱仪需干燥环境，仪器内放置的干燥剂要定期更换，实验结束后要将干燥剂放回仪器内，清洗研钵和药匙。

五、实验结果

下面列出实验获得的肉桂酸的红外光谱图（见图 3-15），对其中主要的谱峰 $3362cm^{-1}$、$3055cm^{-1}$、$2926cm^{-1}$、$1688cm^{-1}$、$1602cm^{-1}$、$1500cm^{-1}$、$1451cm^{-1}$ 进行解析，确定相应的官能团，将解析信息填入表 3-8 中。

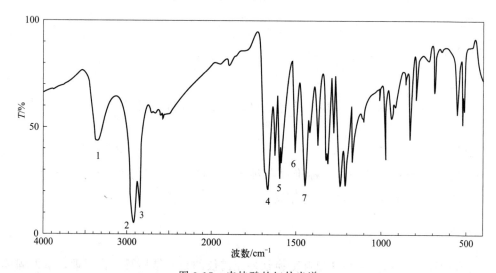

图 3-15　肉桂酸的红外光谱

表 3-8　肉桂酸红外光谱的主要谱峰解析

谱峰编号	谱峰波数/cm^{-1}	对应的官能团
1	3362	
2	3055	
3	2926	
4	1688	
5	1602	
6	1500	
7	1451	

六、问题与讨论

1. 在肉桂酸的红外光谱图中，其 4 号谱峰为何出现在较低波数位置？请解释原因。

2. 肉桂酸的红外光谱图能提供哪些结构鉴定信息？

第**4**章

荧光光谱法

4.1 基本原理

荧光光谱的波长范围在 $200\sim800nm$。相比于紫外-可见光谱法，荧光光谱法具有更高的检测灵敏度，但是具有天然荧光的化合物相对较少，因而也限制了荧光光谱法的应用。

荧光光谱法有如下特点：灵敏度高，检测限通常比一般的紫外-可见吸收光谱法低至少1个数量级，一般检测限可达到 $\mu g/L$ 的浓度范围；线性范围宽；发光参数多，可取得有关分子结构和样品浓度的更多信息。

4.1.1 荧光的产生原理

4.1.1.1 光吸收过程

根据分子中电子是否全部配对，分子的电子态可分为单重态和三重态。其中，所有电子都配对的分子，为单重态，用"S"表示；若跃迁过程还伴随电子自旋方向的变化，此时两个电子将是平行自旋的，称为三重态，用"T"表示，见图4-1。

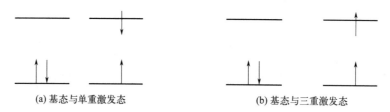

(a) 基态与单重激发态　　　　　　　(b) 基态与三重激发态

图 4-1　单重态与三重态

激发单重态与三重态的区别：

① 激发单重态分子所有电子自旋都是配对的，具有抗磁性；而激发三重态分子有两个自旋平行的电子，是顺磁性的。

② 激发单重态的平均寿命小于激发三重态。

③ 基态单重态到激发单重态的跃迁，是允许跃迁；而基态单重态到激发三重态的跃

迁，属于禁阻跃迁。

④ 激发三重态的能量较相应的激发单重态稍低，这是因为处于分子轨道上的非成对电子，平行自旋要比成对自旋更稳定（洪德规则）。

4.1.1.2 荧光的产生

分子吸收光辐射后（紫外-可见光），可被激发到激发态的任一振动能级，电子由激发态高振动能级迅速（约 10^{-12} s）转至最低振动能级（无辐射去激：内转换等方式把部分的能量转移给周围分子等），分子再由单重激发态的最低振动能级，在 $10^{-19} \sim 10^{-6}$ s 短时间内发射光子返回基态各振动能级，就将产生特定波长的荧光。因而，荧光是由激发单重态最低振动能级跃迁至基态各振动能级时产生的光辐射，而磷光是由激发三重态的最低振动能级跃迁至基态各振动能级之间时产生的光辐射，见图 4-2。

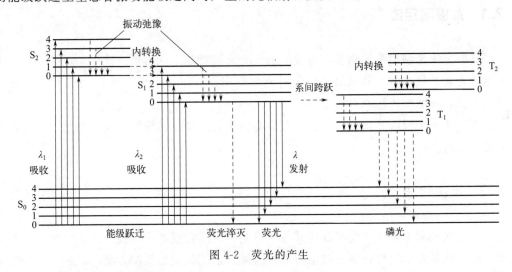

图 4-2 荧光的产生

其中无辐射去激发过程包括：振动弛豫（分子间碰撞）、内转换（如 $S_2 \rightarrow S_1$、$T_2 \rightarrow T_1$）、系间跨越（如 $T \rightarrow S_0$）；外转换（如 $S_1 \rightarrow T_1$）等。

4.1.1.3 激发光谱和发射光谱

任何荧光化合物都具有两个特征光谱：激发光谱和发射光谱，它们是荧光光谱法定性和定量的基本参数和依据。激发光谱是以激发光波长为横坐标，荧光强度为纵坐标绘制的光谱曲线；发射光谱是将激发光波长固定在最大激发波长处，然后扫描荧光发射波长绘制的荧光曲线。由于存在无辐射去激发过程，因而通常情况下化合物的最大发射波长大于其最大激发波长。

4.1.2 荧光与分子结构的关系

分子产生荧光须具备两个必要条件：分子必须具有与入射频率相适应的结构，这样才能吸收激发光；分子吸收了与其本身特征频率相同的能量之后，必须具有一定的光量子产率，这样才能产生发射光谱。

影响化合物荧光强度的因素主要包括跃迁类型（$\pi \rightarrow \pi^*$ 跃迁有利于荧光的发射）、共轭效应（π 电子共轭程度越大，荧光强度越大）、刚性结构和共平面效应（有利于荧光的发射）、取代基类型和位置。另外，溶剂的极性、纯度，溶液的 pH 值及温度等因素，也会影响化合物的荧光强度。

4.2　分析方法

由于具有天然荧光的化合物相对较少，荧光光谱法的应用受到一定限制。目前常用的荧光分析方法有直接测定法、衍生化法及荧光淬灭法。

4.2.1　直接测定法

直接测定法是利用荧光物质自身发射的荧光来直接测定的方法。例如，色氨酸有很强的天然荧光，其最大激发和发射波长分别为 287nm 和 348nm，在 pH 11 的条件下，可直接测其含量，灵敏度可达 $0.003\mu g/mL$。

该方法相较于吸收光谱法，检测灵敏度高、干扰因素少、准确性高，常用于荧光化合物的定量分析。

4.2.2　衍生化法

衍生化法是利用某些荧光探针使其与非荧光物质结合成能产生荧光的衍生物，或利用化学反应生成荧光衍生物，通过测定衍生物间接测定原待测物质的方法。例如，将无荧光的化合物（蛋白质、多肽、DNA 或抗体）与荧光衍生试剂（荧光素和罗丹明等）进行衍生化反应，使其带上荧光基团，即可采用与荧光衍生试剂相同的测定条件进行分析。

4.2.3　荧光淬灭法

某些物质本身不会产生荧光，也不能与荧光衍生试剂进行衍生化反应生成荧光衍生物，但它能使另一种荧光物质的荧光强度降低，从而可以通过检测该荧光化合物荧光强度降低的程度来测定待测物质的含量，这种方法称为荧光淬灭法。如 H_2O_2、铁离子、铜离子、溶液中溶解的氧分子、金纳米粒子等都会使荧光化合物的荧光强度降低，是常用的荧光淬灭剂。因而，可通过测定荧光化合物与该类化合物形成混合溶液的荧光强度变化，确定其含量。

4.3　仪器结构与原理

荧光分光光度计主要由光源、激发单色器、样品池、发射单色器、检测器和数据处理系统几部分组成，见图 4-3。与紫外-可见分光光度计相比，多了一个发射单色器。其发射单色器与激发单色器呈直角结构，可消除光源对测定产生的影响，创造暗背景，提高检测的灵敏度。

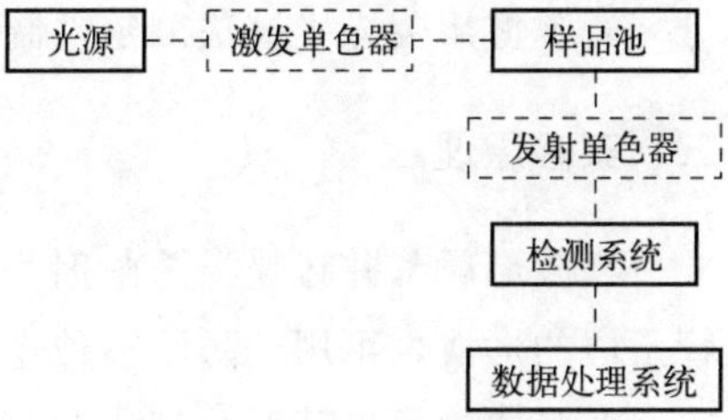

光源 --- 激发单色器 --- 样品池

发射单色器

检测系统

数据处理系统

图 4-3 荧光分光光度计的结构

4.3.1 光源

光源提供强度大、波长范围宽、连续稳定的复合光，且要求有足够长的使用寿命。通常采用氙灯为光源，其为气体放电灯，可发射波长 200~700nm 的复合光。也可采用高压汞灯（线光源）、激光为光源。

4.3.2 单色器

单色器的作用是分光，其中激发单色器是将光源发出的复合光分解成单色光，提供化合物吸收的光能；而发射单色器是将化合物发射的荧光与其他杂散光分开，避免干扰化合物的荧光测定。通常采用光栅作激发单色器或发射单色器，激发单色器在样品池前，发射单色器在样品池后，两个单色器的光路呈直角结构。

4.3.3 样品池

样品池用于承载空白和样品溶液。由于入射光为紫外-可见光，因而不能采用玻璃材质的样品池，通常采用低荧光材质的样品池，如石英样品池；形状通常为方形或长方形，四面透光结构。

4.3.4 检测系统

在荧光分光光度计中，检测器的作用是采集样品发射的荧光信号，将荧光信号转换为电信号，同时起到信号放大作用。通常采用光电倍增管作为检测器，与激发单色器和光源呈直角结构，避免背景干扰。

4.4 实验内容

实验一 乳制品中噻菌灵的荧光光谱测定

一、实验目的

1. 熟悉和掌握荧光分光光度计的仪器操作方法。
2. 熟悉和掌握噻菌灵测定的原理和实验步骤。

3.掌握用荧光光谱法测定乳制品中噻菌灵含量的方法。

二、实验原理

噻菌灵属苯并咪唑类杀菌剂，作用机制为抑制真菌有丝分裂过程中微管蛋白的形成，可用于防治多种作物真菌病害及果蔬防腐保鲜，也可用作人、畜肠道的驱虫药剂。其化学结构见图 4-4。

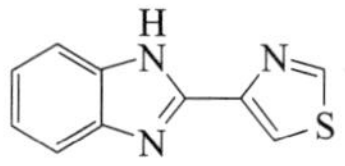

图 4-4　噻菌灵的化学结构

先用氢氧化钾皂化待测乳制品试样中的脂肪，接着用乙酸乙酯提取噻菌灵，最后再用盐酸溶液抽提乙酸乙酯提取液中的噻菌灵进行荧光光谱测定。用荧光分光光度法测定，并采用标准曲线法定量。

三、仪器和试剂

1.仪器

荧光分光光度计；冷凝管；分液漏斗，125mL；锥形瓶，100mL，具磨口；电热水浴锅；容量瓶，10mL。

2.试剂

氢氧化钾溶液：50％（质量体积分数）水溶液；氢氧化钾溶液：0.05％（质量体积分数）水溶液；盐酸溶液：0.1mol/L；分析纯乙酸乙酯；噻菌灵标准品：纯度≥99％；市售乳制品。

噻菌灵标准溶液配制：准确称取适量的噻菌灵标准品，用盐酸溶液配成浓度为 0.100mg/mL 的标准贮备液，然后根据需要再用盐酸溶液稀释成适当浓度的标准工作溶液。

四、实验步骤

1.样品采集

将待测的乳制品充分混匀，分取约 250mL 作为试样，装入洁净的容器内，密封，标记，−5℃以下保存。

2.皂化

称取试样 10g（精确至 0.1g）于锥形瓶中，加入 7mL 氢氧化钾溶液，接上冷凝管，在沸腾的水浴上回流皂化 40min，取下，充分冷却。

3.样品提取

将皂化液移入分液漏斗中，用 10mL 水洗涤锥形瓶，洗液也并入同一分液漏斗。加入 15mL 乙酸乙酯，轻摇 0.5min，静止分层。将水层转入另一分液漏斗，用 15mL 乙酸乙酯再提取一次，剧烈振摇 1min，静止分层。合并乙酸乙酯提取液。

4.样品净化

用 20mL 0.05％氢氧化钾溶液洗涤乙酸乙酯提取液，剧烈振摇 1min，分层后，弃去水层。再加入 20mL 0.05％氢氧化钾溶液轻摇洗涤一次，弃去水层。用 2×5mL 盐酸溶液（0.1mol/L）提取乙酸乙酯层。合并盐酸提取液于 10mL 容量瓶中，并用盐酸溶液（0.1mol/L）定容，供荧光分光光度法测定。

5.测定

(1) 荧光分光光度法测定条件:激发波长 307nm,发射波长 359nm。不同型号仪器,可根据实际情况调节,以获得最佳波长。

(2) 标准曲线的绘制:分别吸取 0.2mL、0.5mL、1.0mL、5.0mL、10.0mL 噻菌灵标准工作溶液置于一组 10mL 容量瓶中。用盐酸溶液(0.1mol/L)定容。用荧光分光光度计上测定各溶液的荧光强度,以荧光强度为纵坐标,噻菌灵标准工作溶液的浓度为横坐标,绘制标准曲线,确定线性方程及相关系数。

(3) 样品测定:取定容后的样品溶液,于荧光分光光度计上测定样品溶液的荧光强度。根据标准曲线,计算样品溶液中噻菌灵浓度。

6.空白试验

除不加试样外,其他均按上述测定步骤进行。

五、实验结果

按下式计算试样中噻菌灵的含量:

$$x = \frac{cV}{m} \tag{4-1}$$

式中,x 为试样中噻菌灵含量,mg/kg;c 为根据标准曲线计算的样品溶液中噻菌灵的浓度,$\mu g/mL$;V 为定容后样品溶液的体积,mL;m 为试样的质量,g。

六、问题与讨论

1.阐述本实验中样品进行皂化的目的。

2.可否用丙酮或乙腈提取待测样品中的噻菌灵?

实验二 谷物中硫胺素的荧光光谱测定

一、实验目的

1.熟悉和掌握荧光分光光度计的仪器操作。

2.掌握荧光分光光度计测定食品中硫胺素含量的实验步骤及原理。

二、实验原理

硫胺素又称维生素 B_1,分子式 $C_{12}H_{17}N_4OS^+$,具有维持正常糖代谢及神经传导的功能。自然界中以酵母中维生素 B_1 含量最多。维生素 B_1 在酸性条件下稳定,在碱性条件下不稳定。硫胺素在碱性条件下可以被较弱的氧化剂氧化为硫色素,该物质在紫外光照射下可以产生较强的荧光,在一定浓度范围内,其荧光强度与样品浓度成正比,从而可对待测物质进行定量分析。

三、仪器和试剂

1.仪器

荧光分光光度计、电子天平、容量瓶、恒温水浴锅、涡旋仪、pH 计、研磨仪、10mL 试管若干。

2.试剂

维生素 B_1、铁氰化钾溶液（1％）、盐酸溶液（0.1mol/L）、氢氧化钠、糖化酶、异丁醇、乙酸钠、待测谷物样品。

维生素 B_1 标准溶液配制：准确称取适量的维生素 B_1，用 0.1mol/L 盐酸溶液配成浓度为 0.100mg/mL 的标准贮备液，然后根据需要用盐酸溶液稀释成 1μg/mL 的标准工作溶液。

四、实验步骤

1.样品提取

称一定量谷物样品研磨，加适量（10 倍于样品体积）0.1mol/L HCl 浸泡，在沸水浴中加热提取 30min；待冷却后用乙酸钠调节至 pH 4～5，加入 5mL 10％糖化酶（淀粉酶），混合均匀，在 45～50℃条件下酶解 2～3h；冷却后用盐酸调到 pH 3.5，然后用水定容至 100mL，以供荧光分光光度法测定。

2.样品测定

（1）取三支试管 A、B、C，分别加入上述提取液 3mL（V_1）。A 管作标准管，加入 1.0mL 标准维生素 B_1 溶液（1μg/mL）。

（2）B、C 两管分别加入 1mL 0.1mol/L HCl 补，然后 A、B 两管分别加入 0.5mL 1％ $K_3Fe(CN)_6$ 混匀。

（3）三支试管分别加入 30％ NaOH 2mL，摇匀，然后各加入 5mL 异丁醇，剧烈振荡，分层后，取上层异丁醇溶液测定各溶液的荧光强度。测定条件：激发波长 370nm，发射波长 440nm。

注意事项：

弱氧化剂铁氰化钾不可过多，否则应在上机前用双氧水消除；操作时间不宜过长；如果异丁醇层混浊，可以加适量硫酸钠吸水。

五、实验结果

根据下述公式计算样品中维生素 B_1 的含量：

$$w_{维生素B_1}(\mu g/g)=\frac{c(I_B-I_C)}{I_A-I_B}\times\frac{V}{V_1}\times\frac{1}{W} \tag{4-2}$$

式中，c 为标准溶液浓度，μg；I_A、I_B、I_C 为 A、B、C 三支试管的荧光强度值；V 为定容体积，mL；V_1 为分取体积，mL；W 为样品质量，g。

六、问题与讨论

1.在样品提取过程中加入糖化酶起什么作用？

2.在本实验中加入 $K_3Fe(CN)_6$ 的目的是什么？

实验三 荧光光谱法测定土壤中硒的含量

一、实验目的

1.熟悉荧光分光光度计的使用方法和操作步骤。

2.掌握荧光光谱法测定土壤中硒含量的实验方法。

二、实验原理

当供试样品用混合酸消化后，样品中所含的硒化物会氧化为无机 Se^{4+}，在酸性条件下 Se^{4+} 与 2,3-二氨基萘（2,3-diaminonaphthalene，缩写为 DAN）会反应生成 4,5-苯并芘硒脑（4,5-benzo piaselenol），用环己烷萃取后，在激发光波长 376nm，发射光波长 520nm 条件下测定其荧光强度，从而测定土壤样品中硒的含量。

三、仪器和试剂

1.仪器

荧光分光光度计、电子天平、容量瓶、烘箱、研磨仪、恒温水浴锅、pH 计、涡旋仪、锥形瓶、电炉、分液漏斗、试管等。

2.试剂

氨水、浓盐酸、去荧光环己烷、乙二胺四乙酸（EDTA）、供试土壤。

（1）硒标准溶液：硒含量 $100\mu g/mL$；

（2）DAN 试剂：浓度 1g/L；

（3）混合酸液：硝酸与高氯酸（70%～72%）以 2∶1 体积比混合；

（4）去硒硫酸：将 200mL 浓硫酸加入 200mL 水中，再加入 48%氢溴酸 30mL，混匀后在电炉上加热至出现浓白烟。

四、实验步骤

1.样品处理

将供试样品用水洗三次，在 60℃下烘去表面水分，然后磨成粉状，放入密封塑料瓶中备用。

2.样品消化

将 0.5～2.0g 样品放入磨口锥形瓶内，加 10mL 5%去硒硫酸，待试样润湿后，再加入 20mL 混合酸液放置过夜，次日置于电炉上逐渐加热。当剧烈反应发生后，溶液呈无色，继续加热至白烟产生，此时溶液逐渐变成淡黄色，即达终点。

3.样品中硒的测定

上述消化后的溶液加入 20mL EDTA 混合液后，用氨水及盐酸调至橙红色（pH

1.5～2.0)。然后在避光处加入 DAN 试剂 3mL，混匀后在沸水浴中加热 5min，取出冷却后加入环己烷 3.0mL，振摇 4min，将全部溶液移入分液漏斗，分层后弃去水层，小心将环己烷层由分液漏斗上口倾入带盖试管中，注意不要混入水滴。在激发光波长 376nm，发射光波长 520nm 条件下测定其荧光强度。

4.绘制硒标准曲线

准确量取硒标准溶液（0.05μg/mL）0.0、0.2mL、1.0mL、2.0mL、4.0mL（相当于 0.00、0.01μg、0.05μg、0.10μg、0.20μg），分别加水至 5mL，按样品测定步骤处理后进行测定，绘制标准曲线。

五、实验结果

1.给出硒标准溶液的荧光强度和浓度，绘制标准曲线，给出线性方程及相关系数。

2.根据标准曲线计算样品中硒的质量，本实验要求将其换算得到样品中硒的含量，计算公式如下：

$$x = \frac{m_1}{m} \tag{4-3}$$

式中，m_1 为根据标准曲线计算的硒的质量，μg；m 为称量的样品质量，g；x 为样品中硒的含量，μg/g。

六、问题与讨论

1.采用荧光光谱法测定土壤中硒含量的原理是什么？

2.在实验中为什么用硝酸和高氯酸的混合酸对样品进行消化？

第5章

原子光谱法

5.1 基本原理

原子核外电子在不同能级之间跃迁，就会产生原子对光的吸收和发射。当电子从低能级被激发到高能级时，必须从外界吸收相应两能级之间相差的能量；而从高能级跃迁回到低能级时，则要释放出这部分能量。原子中能级很多，电子按此规律在不同能级之间跃迁，使原子吸收或发射一系列特定频率的光，从而得到原子吸收或发射光谱。

5.1.1 原子吸收光谱法

原子吸收光谱法（AAS）测定的对象主要是原子，除 C、H、O 等非金属元素尚不能测定外，可用其直接或间接测定的元素有 70 余种。

5.1.1.1 共振线与吸收线

原子吸收光谱是由核外电子吸收外界能量从基态跃迁到激发态而产生的，原子基态与激发态的分布见图 5-1。

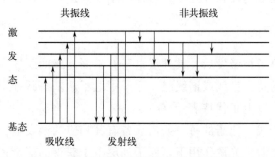

图 5-1 钠原子的电子能级及吸收谱线分布

原子核外电子从基态跃迁至各激发态所产生的谱线称为吸收线。电子从基态跃迁至第一激发态所产生的吸收谱线称为（主）共振吸收线，和共振发射线一起统称为共振线。各种元素的原子结构和外层电子排布不同，跃迁所吸收的能量也不同，因此各种元素的共振线具有各自的特征性，是代表元素的特征谱线。在原子吸收分析中，主要利用基态原子蒸气对光源辐射共振线的吸收进行分析,因而干扰较少。

5.1.1.2 吸收谱线的轮廓

原子吸收光谱虽然称为线状光谱,但其吸收谱线还是有一定宽度的,并非严格意义上的几何线。以吸收系数 K 为纵坐标,以频率 ν 为横坐标,所得曲线即为吸收线轮廓,见图 5-2。

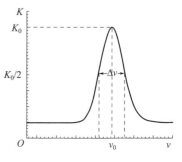

图 5-2 原子吸收谱线的轮廓

在频率为 ν_0 处物质对光的吸收最大,ν_0 称为"中心频率"或"特征频率"。在中心频率 ν_0 处,吸收系数有极大值 K_0,称为"峰值吸收"。在吸收系数等于极大值一半处($K_0/2$),吸收线轮廓上两点间的频率差称为吸收线的半宽度,以 $\Delta\nu$ 表示。吸收线的半宽度为 $10^{-3}\sim10^{-2}$ nm 数量级;发射线的半宽度比吸收线要窄得多,一般为 $5\times10^{-4}\sim2\times10^{-3}$ nm 数量级。中心频率 ν_0 和谱线半宽度 $\Delta\nu$ 是表征谱线轮廓的特征参数,中心频率由原子能级分布特征决定。导致谱线变宽的主要因素有:自然宽度、Doppler(多普勒)变宽、压力变宽、自吸变宽等。

5.1.1.3 原子吸收的测量

原子吸收谱线的带宽仅为 $0.001\sim0.005$ nm,难以计算积分吸收系数。由于峰值吸收与被测原子浓度(N_0)也呈线性关系,因此可利用测定中心波长的峰值吸收(K_0)代替积分,即采用锐线光源测定。而因 K_0 与 N_0 成正比,因此只要测出 K_0 就可得到 N_0,从而计算出原子浓度。

5.1.2 原子发射光谱法

原子发射光谱(AES)属于原子光谱、发射光谱及线状光谱,是将样品引入激发光源,待测元素的原子被激发为激发态,由激发态跃迁回基态时,以光的形式辐射出多余的能量,通过测量电磁辐射的波长和强度,对样品中元素进行定性、定量分析。

5.1.2.1 原子发射光谱的产生

(1)激发电位 原子被激发后,其外层电子有不同能级的跃迁,对特定元素的原子可产生一系列不同波长的特征谱线或谱线组。原子中电子从基态跃迁至较高能量状态所需要的能量称为激发电位,以电子伏特表示(eV)。

(2)共振线和离子线 原子的每一条谱线各有其相应的激发电位,具有最低激发电位的谱线称为共振线。在激发光源作用下,原子外层电子获得的能量达到电离电位,就会发生电离,其产生的谱线称为离子线。在同一激发光源的激发下,同一光谱既有原子线又有离子线。

5.1.2.2 谱线强度

激发态原子通过自发辐射向基态或低能级跃迁时,其发射的谱线强度 I_{ij} 为:

$$I_{ij} = \frac{g_i}{g_0} A_{ij} h \gamma e^{-\frac{E_j}{kT}} N_0 \qquad (5\text{-}1)$$

式中，I_{ij} 为谱线强度；g_i，g_0 分别为激发态和基态的统计权重；h 为普朗克常数，6.626×10^{-34} J·s；γ 为光的频率；N_0 为单位体积内处于基态的原子数；A_{ij} 为自发辐射的爱因斯坦系数；k 为玻尔兹曼常数，1.38×10^{-23} J/K；T 为激发温度；E_j 为激发电位。

以上因素影响的是谱线的绝对强度，但其绝对强度难以测定，在光谱分析中常采用谱线的相对强度。

5.1.2.3 谱线的自吸和自蚀

由于原子浓度分布不均匀，原子在高温发射某一波长的辐射时，被处在边缘低温状态的同种原子所吸收的现象称为自吸。自吸后检测器接收到谱线强度则减弱。样品浓度越大，自吸现象越严重，当谱线中心的辐射完全被吸收，则称为自蚀。上述现象严重影响谱线强度，所以要消除自吸和自蚀问题。

5.2 分析方法

5.2.1 原子吸收光谱法

原子吸收光谱法主要用于待测元素的定量分析，待测试样首先采用干法或湿法进行样品消解，制备成待测溶液，然后进行测定。在测定前需要优化下列参数：空心阴极灯的电流、分析线的选择、火焰类型和高度、单色器的狭缝宽度等。

定量分析方法主要包括标准曲线法和标准加入法。其中标准曲线法需要制备待测元素的标准溶液，而且要求标准溶液与样品溶液在物理性质上尽量保持一致，必要时要加入干扰抑制剂。该方法的缺点是基体影响比较大，只适合组成简单的试样分析，在高浓度处常出现偏离。当试样基体复杂，难以配制与试样组成相似的标准溶液时，可采用标准加入法测定样品中元素含量。

5.2.2 原子发射光谱法

5.2.2.1 定性分析

由于各种元素的原子结构不同，在光源激发下，试样中每种元素都发射自己的特征光谱。因而，原子发射光谱法是比较理想的元素定性方法，可对 70 多种元素作定性分析。

(1) 元素的灵敏线、最后线和分析线 每种元素发射的特征谱线有多有少，定性分析时，只检查出几条特征线就可确定该元素的存在。用于分析的特征谱线称为"分析线"，常用的分析线是元素的"灵敏线"或"最后线"。灵敏线是元素谱线中最易激发即激发电位较低的谱线。随元素含量降低，部分谱线将渐次消失，最后消失的灵敏线为最后线。

（2）定性分析方法

① 纯样光谱比较法　将标样与试样在相同条件下同时测定，然后比较标样与试样的光谱图，检查是否有相同的分析线存在，一般检查最后线。该法只适合于试样中指定元素的鉴定。

② 铁光谱比较法（元素光谱图法）　采用铁光谱作为波长的标尺，判断其他元素的谱线。由于铁的谱线较多，在 210.0～660.0nm 范围内约有 4600 条铁谱线，其中每条谱线的波长都作了精确测定。

（3）谱线波长测定法　准确地测出谱线的波长，再从元素波长表查出谱线相对应的元素。

5.2.2.2　定量分析

在原子发射光谱法中，谱线的强度与试样的浓度存在线性关系，可据此对待测元素进行定量分析。

（1）谱线强度（I）与试样浓度（c）的关系

$$I = ac^b \tag{5-2}$$

式中，a 为与谱线性质、试验条件有关的常数；b 为自吸系数。二者均为与自吸有关的系数。将谱线强度取对数，可得谱线强度的对数与浓度对数的线性关系，即 $\lg I \propto \lg c$，见式（5-3）：

$$\lg I = b \lg c + \lg a \tag{5-3}$$

（2）定量分析方法

① 校准曲线法　将 3 个或 3 个以上标准工作溶液与待测样品在相同条件下进行测量，以测得的谱线强度为纵坐标，标准溶液浓度的对数 $\lg c$ 为横坐标，绘制标准曲线，计算待测元素的浓度。

② 内标法　与标准曲线法相比，内标法可消除实验条件变化对测定的影响。在被测元素的谱线中选择一条谱线作为分析线，在基体元素的谱线中选择一条非自吸谱线作为内标线，或者向试样中定量加入一种内标元素，选择某一条谱线作为内标线，分析线和内标线构成定量分析线对。设分析线和内标线的谱线强度分别为 I 和 I_i，可根据下式计算二者的比值 R：

$$\frac{I}{I_i} = R = Ac^b \tag{5-4}$$

$$\lg R = \lg A + b \lg c \tag{5-5}$$

5.3　仪器结构与原理

5.3.1　原子吸收光谱仪的结构

原子吸收光谱仪（又称原子吸收分光光度计）分为单光束和双光束两种类型，主要包括光源、原子化器、单色器、检测器及数据处理系统等几部分，见图5-3。其中单光束只有一个原子化器；而双光束通过切光器，光源发出的光被分为两束强度相同的光，经过原子化器进行测定。

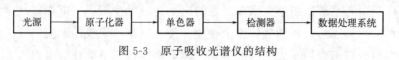

图5-3　原子吸收光谱仪的结构

5.3.1.1　光源

光源通常可采用空心阴极灯、高频无极放电灯、可调激光器等。目前原子吸收光谱仪最常用的光源为空心阴极灯，用不同的待测元素作阴极材料，可制成相应的待测元素的空心阴极灯。通常选用只能发射一种待测元素的特征谱线的单一元素空心阴极灯作为光源。

空心阴极灯属于气体放电灯，阴极是待测元素的空腔，阳极为含钽片或钛丝的钨棒，管内抽真空，充入氖或氩等惰性气体。

5.3.1.2　原子化器

原子化器的作用是形成待测元素的基态原子。原子化器要满足以下要求：原子化效率高、记忆效应小、噪声低。目前最常用的原子化器为火焰原子化器和石墨炉原子化器。

火焰原子化器主要包括喷雾器、雾化室及燃烧器三部分，其工作过程主要包括溶剂转移、蒸发及原子化三个阶段；而石墨炉原子化器是无火焰原子化器，主要包括石墨管、惰性气体和冷却水，工作流程主要包括干燥、灰化、原子化和高温净化四个阶段。

石墨炉原子化法的原子化效率远高于火焰原子化法，灵敏度可达 $10^{-12} \sim 10^{-14}$ g，没有火焰引起的背景噪声，选择性好，可在低温去除干扰元素。

5.3.1.3　单色器和检测器

在原子吸收光谱仪中单色器也起到分光的作用，通常采用光栅作为单色器。检测器是用来测定待测元素的共振吸收信号的，通常采用光电倍增管作为检测器。

5.3.2　原子发射光谱仪的结构

原子发射光谱仪主要由激发光源、进样系统、分光系统、检测系统和数据处理系统等五部分组成，见图5-4。

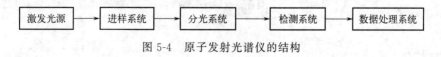

图5-4　原子发射光谱仪的结构

5.3.2.1　激发光源

在原子发射光谱仪中激发光源的作用是提供能量使待测样品蒸发、原子化和激发，从而产生光谱。目前常用的光源为电弧、火花及等离子体（ICP）等。

等离子体是电离的总体呈电中性的气体，是一种由自由电子、离子、中性原子与分子所组成的在总体上呈电中性的气体。ICP 的组成包括高频发生器和感应线圈、等离子炬和供气系统及样品引入系统。当感应线圈产生的电火花触发少量氩气电离，产生的带电粒子在高频电场作用下高速运动，和气体原子碰撞并使之电离，形成的涡流热效应使更多的气体电离，并在炬管口形成一个火炬状的等离子体焰炬。试样被雾化后由载气带入等离子体焰炬中央而被激发，随后进行光谱测定。

5.3.2.2　进样系统

进样系统的作用是将待测试样引入激发光源中进行原子化和激发，样品可以是固体、液体或气体状态。根据样品状态不同，进样系统可分为固体、液体或气体进样系统，其中液体进样方式应用最广。

5.3.2.3　分光系统

激发光源不可能只发射一条或几条特征谱线，因此，在进入检测系统之前要采用分光系统把不同波长的光分开，得到按波长顺序排列的光谱。常用的分光元件为棱镜或光栅。

5.3.2.4　检测系统

检测系统的作用是把光源发射的光信号转变为可方便记录或显示的信号。原子发射光谱法常用的检测方法有：目视、摄谱法和光电法。摄谱法是采用感光板记录光谱信息；光电法是利用光电效应将不同波长的辐射能转化成光电流的信号。目前常用的光电转换元件是光电倍增管和固体成像器件，光电倍增管是原子发射光谱仪中最常用的检测元件，可检测谱线的强度。

目前常用的原子发射光谱仪主要为摄谱仪和光电直读光谱仪。其中摄谱仪根据所用的单色器不同，又分为棱镜摄谱仪和光栅摄谱仪；光电直读光谱仪主要包括单道直读光谱仪、多道直读光谱仪、全谱直读光谱仪等类型，单道和多道直读光谱仪的检测元件为光电倍增管，全谱直读光谱仪的检测元件为固体检测器。

5.4　实验内容

实验一　食品中铁锰铜锌的测定

一、实验目的

1.熟悉和掌握原子吸收分光光度计的仪器结构及操作方法。

2.掌握原子吸收光谱法样品前处理的原理、主要步骤及注意事项。

3.掌握原子吸收光谱法定量分析的原理及实验步骤。

二、实验原理

原子吸收光谱法的基本原理是从光源辐射出的待测元素的特征光谱，在通过样品的原子蒸气时被蒸气中待测元素的基态原子所吸收，基态原子外层的电子吸收光源所发射的共振线从而产生待测原子的吸收光谱。而气态的基态原子数与物质的含量成正比，即可根据通过样品原子蒸气的光谱强度减弱的程度测定样品中待测元素的含量，故可对待测元素进行定量分析。利用火焰的热能使样品转化为气态基态原子的方法称为火焰原子吸收光谱法。

在使用锐线光源且气态原子密度相对较低的条件下，基态原子蒸气对其共振线的吸收也符合光吸收定律，即朗伯-比尔定律，

$$A = KLN_0 \tag{5-6}$$

式中，A 为吸光度；K 为吸光系数；L 为辐射光穿过原子蒸气的光程长度；N_0 为基态原子密度。

采用浓硝酸和高氯酸的混合酸溶液对食品样品进行湿法消解后，将消解液导入原子吸收分光光度计中，经火焰原子化后，铁、锰、铜、锌等待测金属分别吸收 248.3nm、279.5nm、324.8nm、213.9nm 的共振线，其吸收量与其含量成正比，与标准溶液测定值比较即可测得样品中元素的含量。

三、仪器和试剂

1.仪器

原子吸收分光光度计、空心阴极灯、电子天平、可调温电炉、开氏管、容量瓶、弯颈漏斗、烧杯、培养皿等。

2.试剂

0.5mol/L 硝酸、蒸馏水、去离子水、供试样品。混合酸溶液：浓硝酸（分析纯）：高氯酸（分析纯）=4：1。

标准贮备溶液配制：Fe 100μg/mL，Mn 50μg/mL，Cu 100μg/mL，Zn 100μg/mL。

四、实验步骤

1.样品处理

湿样（如蔬菜、水果、鲜鱼等）用水冲洗干净后再用去离子水洗净，干粉样品（如面粉等）直接称取。精确称取干样 0.500~1.500g（湿样 2.00~4.00g，饮料 5.0~10.0g），加入开氏管中（湿样 50mL 高型烧杯中），上加弯颈漏斗（烧杯加表面皿）。

2.样品消化

开氏管置于调温电炉上，在通风橱内加入混合酸溶液 10.0mL，加热消化（先低温，后高温），至消化液无色透明为止。取下，冷却，加 5mL 蒸馏水后再放电炉上加热，待管中溶液浓缩至 2~3mL 时取下冷却，用去离子水转移至 50mL 容量瓶中定容至刻度，待上机测定。同时，按上述操作做试剂空白试验。

3.标准工作溶液制备

将标准贮备溶液用 0.5mol/L 硝酸稀释到适宜浓度：

Fe：0.000，4.000μg/mL，8.000μg/mL，12.00μg/mL。

Mn：0.000，2.000μg/mL，4.000μg/mL，8.000μg/mL。

Cu：0.000，2.000μg/mL，4.000μg/mL，8.000μg/mL。

Zn：0.000，1.000μg/mL，2.000μg/mL，4.000μg/mL。

4.样品测定

打开仪器操作软件，调节光路和气路，设置测定条件。首先测定空白溶液的吸光度，然后测定上述标准溶液的吸光度，最后测定样品溶液的吸光度，记录数据。

五、实验结果

按下式计算试样中待测元素含量：

$$x = \frac{cV}{m} \tag{5-7}$$

式中，x 为试样中元素含量，mg/kg；c 为从标准曲线上查得的样液中元素的浓度，μg/mL；V 为定容后样液的体积，mL；m 为试样的质量，g。

六、问题与讨论

1.原子吸收光谱仪所用光源与紫外-可见光谱仪的光源有何区别？

2.在原子吸收光谱法中，样品测定时为什么要原子化？

实验二　火焰原子吸收光谱法测定饲料中的锌

一、实验目的

1.熟悉和掌握火焰原子吸收光谱法的工作原理。

2.掌握火焰原子吸收光谱仪的操作方法。

3.熟悉原子吸收光谱法测定的样品制备方法及实验步骤。

二、实验原理

原子吸收光谱法是基于气态基态原子外层电子对共振线的吸收，而气态的基态原子数与物质的含量成正比，故可用于进行定量分析。利用火焰的热能使样品转化为气态基态原子的方法称为火焰原子吸收光谱法。

当试样组成复杂，配制的标准溶液与试样基质之间存在较大差别时，常采用标准加入法。该法是在数个容量瓶中加入等量的试样，然后分别加入不等量（倍增）的标准溶液，用适当溶剂稀释至一定体积后，依次测出它们的吸光度。以加入标样的质量（μg）为横坐标，相应的吸光度为纵坐标，绘出标准曲线，横坐标与标准曲线延长线的交点至原点的距离（c_x）即为容量瓶中所含试样的质量（μg），见图5-5。

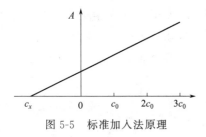

图5-5　标准加入法原理

本法是一种成分分析法，常用于测定易挥发元素，可消除基体干扰和某些化学干扰，测定含量可达 10^{-9} g，精密度较高，一般小于 1%。

三、仪器和试剂

1. 仪器

火焰原子吸收分光光度计、锌空心阴极灯、电子天平、电炉、开氏管、弯颈漏斗、25mL 和 50mL 容量瓶。

2. 试剂

浓硝酸、高氯酸、蒸馏水、去离子水、待测试样（饲料）、锌标准贮备液（100.0μg/mL）。

四、实验步骤

1. 开机

打开原子吸收分光光度计，开机前检查，然后通电，打开电脑和仪器开关，调节光路和气路。

2. 试样制备

精确称取饲料干样 1.000g 加入开氏管中，上加弯颈漏斗。开氏管置于调温电炉上，在通风橱内加入混合酸溶液 10.0mL［浓硝酸（分析纯）∶高氯酸（分析纯）＝4∶1］，加热消化（先低温，后高温），至消化液无色透明为止。取下，冷却，加 5mL 蒸馏水后放电炉上加热，待管中溶液浓缩至 2～3mL 时取下冷却，用去离子水转移至 50mL 容量瓶中并定容，待上机测定。

吸取 5 份 2.00mL 试样溶液，分别置于 25mL 容量瓶中，各加入锌标准溶液 0.0、1.0mL、2.0mL、3.0mL、4.0mL，以去离子水稀释至刻度，配制成一组标准工作溶液。

3. 样品测定

以试样空白为空白对照，按上述方法配制空白标准系列，测定上述各标准溶液、空白溶液及待测样品的吸光度。

五、实验结果

1. 以标准溶液的浓度为横坐标，吸光度为纵坐标，绘制吸光度对浓度的标准曲线，给出标准曲线方程及相关系数。

2. 将标准曲线延长至与横坐标相交处，则交点至原点间的距离对应于 2.00mL 试样中锌的含量，给出试样中锌的含量。

六、问题与讨论

1. 在实验中为什么采用硝酸和高氯酸的混合酸对试样进行消解？
2. 在本实验中为什么采用锌空心阴极灯为光源？

实验三　石墨炉原子吸收光谱法测定蔬菜中的铅

一、实验目的

1. 熟悉和掌握石墨炉原子吸收光谱法的工作原理。
2. 掌握石墨炉原子吸收光谱仪的操作方法。
3. 熟悉石墨炉原子吸收光谱法测定蔬菜样品的制备方法及测定步骤。

二、实验原理

样品经灰化或强酸消解后，试样中的待测元素全部进入试样溶液中，然后将试样溶液注入石墨炉中。经过预先设定的干燥、灰化、原子化等升温程序后共存基体成分蒸发除去，同时在原子化阶段的高温下铅化合物离解为基态原子蒸气，并对空心阴极灯发射的特征谱线产生选择性吸收。在选择的最佳测定条件下，通过背景扣除，测定试样溶液中铅的吸光度，从而确定试样中铅的含量。

三、仪器和试剂

1. 仪器

石墨炉原子吸收分光光度计（带有背景校正装置）、铅空心阴极灯、氩气钢瓶、电子天平、20μL 手动进样器、匀浆仪、聚四氟乙烯消解罐、恒温干燥箱、容量瓶。

2. 试剂

过氧化氢（30%，优级纯）、硝酸、高氯酸、金属铅（光谱纯）、盐酸、蒸馏水等。将采集的样品用食品加工机或匀浆机打成匀浆，储存于塑料瓶中，保存备用。

硝酸（HNO_3）：$\rho=1.42g/mL$，优级纯。

高氯酸（$HClO_4$）：$\rho=1.68g/mL$，优级纯。

铅标准贮备液（1.000mg/mL）：称取 1.0000g（精确至 0.0002g）光谱纯金属铅于 50mL 烧杯中，加入 20mL 硝酸溶液（1∶1），温热溶解，全量转移至 1000mL 容量瓶中，冷却后，用水定容至标线，摇匀备用。

铅标准工作液（1.0mg/L）：用盐酸溶液（体积分数为 0.2%）逐级稀释铅标准贮备液配制。

四、实验步骤

1. 仪器开机

启动仪器电源和电脑，调节仪器参数。不同型号仪器的最佳测试条件不同，可根据仪器使用说明书自行选择，通常采用的测量条件见表 5-1。

表 5-1　仪器测量条件

元素	铅
测定波长/nm	283.3

续表

元素	铅
通带宽度/nm	1.3
灯电流/mA	7.5
干燥/(℃/s)	80～120/30
灰化/(℃/s)	800～800/20
原子化/(℃/s)	2000～2000/3
清除/(℃/s)	2400～2400/3
氩气流量/(mL/min)	200
进样量/μL	20

2. 试液制备

准确称取 1.00～2.00g（精确至 0.0002g）试样于 50mL 聚四氟乙烯消解内罐中，加 2～4mL 硝酸浸泡过夜，再加过氧化氢（30%）2～3mL（总量不能超过罐容积的 1/3）。盖好内盖，旋紧不锈钢外套，放入恒温干燥箱，120～130℃保持 3～4h。在箱内自然冷却至室温，取出，然后用滴管将消化液吸入或过滤入（视消化后样品的盐分而定）10～25mL 容量瓶中，用水少量多次洗涤消解罐，洗液合并于容量瓶中并定容至刻度，混匀备用。同时做试剂空白。

3. 标准曲线的绘制

准确移取铅标准工作液 0.00、1.00mL、2.00mL、3.00mL、4.00mL 于 50mL 容量瓶中，用盐酸溶液（体积分数为 0.2%）定容。该标准溶液含铅 0、20μg/L、40μg/L、60μg/L、80μg/L。按上述条件由低浓度到高浓度顺次测定标准溶液的吸光度。

用减去空白的吸光度与相应的元素含量（mg/L）绘制铅的标准曲线。

4. 样品测定

采用相同的分析条件，测定试样溶液的吸光度。

五、实验结果

1. 以铅含量（mg/L）为横坐标，吸光度为纵坐标，绘制标准曲线，给出并记录曲线方程及相关系数。

2. 计算土壤样品中铅的含量。土壤样品中铅的含量 W（Pb，mg/kg）按下式计算：

$$W = \frac{cV}{m(1-f)} \tag{5-8}$$

式中，c 为试液的吸光度减去空白的吸光度，然后在标准曲线上查得的铅含量，mg/L；V 为试液定容的体积，mL；m 为称取试样的质量，g；f 为试样中水分的含量，%，可根据土壤样品烘干前后的质量差计算水分含量。

六、问题与讨论

1. 在原子吸收光谱法中，元素对光的吸收是否也遵循朗伯-比尔定律？

2. 与火焰原子化法相比，石墨炉原子化法有哪些优势？

实验四 电感耦合等离子体质谱（ICP-MS）法测定自来水中 Ca 等金属含量

一、实验目的

1. 了解 ICP-MS 的基本结构，熟悉各部分功能。
2. 熟悉 ICP-MS 的仪器操作步骤。
3. 熟悉 ICP-MS 的参数设定、定量分析的基本操作。
4. 掌握内标法定量分析的原理。

二、实验原理

样品溶液在蠕动泵的作用下进入雾化室，被雾化后与载气形成气溶胶。气溶胶导入 ICP 炬焰中被激发电离，生成正离子。正离子被导入真空系统，经离子透镜聚焦后，导入四极杆质谱。在质谱中通过改变四极杆的电压及电流，使各元素的正离子因质荷比（m/z）不同而依次通过四极杆，到达电子倍增检测器。检测器将电流信号放大后，进行数据记录和处理。

三、仪器和试剂

1. 仪器

Agilent 7500A ICP-MS（仪器结构见图 5-6）、蠕动泵、氩气钢瓶、容量瓶。

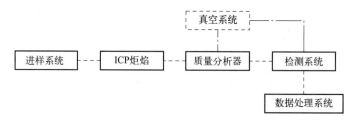

图 5-6 ICP-MS 仪器结构

2. 试剂

二次蒸馏水，自来水样品，Ca、Mg、Na、Fe、Mn、Cu 标准溶液（$100\mu g/mL$），PA 因子调谐液（100 ng/mL Fe、K、Ca、Na、Mg）。

Agilent $10\mu g/mL$ 内标（ISTD）溶液（Li、Sc、Ge、Y、In、Tb、Bi）配制：取 10mL ISTD 于 100mL 容量瓶中，定容至刻度，供测定用。

四、实验步骤

1. ICP-MS 仪器设置

（1）检查废液桶是否已满、冷却水箱水位是否合适、真空泵油位是否合适。

（2）打开电脑，启动 ICP-MS 电源开关，双击桌面的"ICP-MS Top"图标进入工作站。

（3）抽真空：点击"ICP-MS Top"画面的仪器控制图标，进入仪器控制画面，点击"Vacuum"菜单，选择"VACUUM ON"进行抽真空。仪器由"Shut down"转变为"Stand by"状态。

（4）点火前准备：打开冷却水，打开排风扇，打开氩气钢瓶，调整工作压力至0.06MPa，蠕动泵管路（排液及送样）归位，样品管及内标管分别放入蒸馏水瓶及内标液瓶内。

（5）点火：点击点火图标进行点火，仪器由"Stand by"转变为"Analysis"状态。检查确认蠕动泵的样品及排液管工作是否正常。

（6）方法编辑：编辑样品采集方法。

2. 样品分析

首先测定标准溶液和内标溶液，通过蠕动泵进样后，采集数据，记录测定值。在相同分析条件下，测定样品，重复测定5次。

3. 关机

分析结束后，进入灵敏度调谐画面，先用5% HNO_3 冲洗5min，再用蒸馏水冲洗5min；进入仪器控制画面，点击"灭火"图标，仪器将关火，仪器由"Analysis"转变为"Stand by"状态。如仪器长时间停用，则需进入仪器控制画面，点击"Vacuum"菜单，选择"VACUUM OFF"进行放真空程序，仪器由"Stand by"转换成"Shut down"状态。最后关氩气钢瓶、排风扇及冷却水，松开蠕动泵。如长时间停用，关闭ICP-MS电源。

五、实验结果

1. 根据标准溶液和内标溶液的测定值，绘制标准曲线，给出曲线方程及相关系数，填入表5-2。

2. 根据样品测定的结果，计算样品中各元素的含量，并计算方法的精密度（以相对标准偏差RSD表示）。

表5-2　样品测定结果

元素	标准曲线方程	相关系数	样品含量	RSD/%
Ca				
Mg				
Na				
Fe				
Mn				
Cu				

六、问题与讨论

1. 标准溶液测定完成之后，为什么要清洗进样管？

2. 样品由蠕动泵引入雾化室后，为什么要形成气溶胶？气溶胶的粒径大小是否影响分析结果？

第6章

气相色谱法

6.1 基本原理

气相色谱法是以气体为流动相，带动样品组分在固定相中进行分离。固定相可装填在柱管内，也可以涂覆或交联在柱内壁。载气带动样品组分在色谱柱内向前运动，由于各组分与固定相之间的相互作用不同，组分之间得到分离，分离后的组分随载气先后离开色谱柱，进入检测器，产生响应信号，从而对目标组分进行定性及定量分析。

在气相色谱分析中，样品组分必须在高温下也能稳定存在，而不受热分解。所以，气相色谱主要分析沸点相对较低，受热不易分解的化合物。

6.1.1 分离原理

两个组分在气相色谱中能否实现分离，可通过分配系数进行评价，计算公式见式（6-1）。分配系数是待测组分在固定相中的浓度与在流动相中的浓度之比，只有分配系数不相同，两个组分在气相色谱中才有可能实现分离。

$$K = \frac{c_s}{c_m} = \frac{x_s V_m}{x_m V_s} \tag{6-1}$$

式中，K 为分配系数；c_s、c_m 分别为组分在固定相和流动相中的浓度；x_s、x_m 分别为组分在固定相和流动相中的质量；V_s、V_m 分别为固定相和流动相的体积。

气相色谱法按其固定相状态不同，分为气固色谱法和气液色谱法。其中，固定相为固体吸附剂则为气固色谱法；固定相为固定液则为气液色谱法。而按照所用色谱柱内径不同，又分为填充柱气相色谱法和毛细管柱气相色谱法，毛细管气相色谱法是目前最常用的气相色谱法。

6.1.2 色谱图

样品随载气进入检测器，产生响应信号，以响应信号为纵坐标，分离时间为横坐标，可绘制色谱图，见图 6-1。色谱图反映的是被分离的各组分从色谱柱中洗脱出来的浓度变化情况，通常组分的响应信号与组分的浓度或质量成正比。

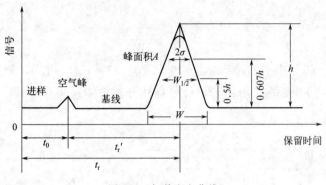

图 6-1 色谱流出曲线

图 6-1 中横坐标为保留时间，纵坐标为待测物质在检测器中产生的响应信号，图中存在色谱峰、基线和空气峰。

6.1.2.1 色谱定性参数

在色谱分析中主要以保留值进行定性分析，保留值是表示样品中各组分在色谱柱中滞留时间的数值，通常用时间或将组分带出色谱柱所需流动相的体积来表示。主要参数：死时间（t_0）、保留时间（t_r），调整保留时间（t_r'）和相对保留值（$\alpha_{2:1}$），计算方法见式（6-2）和式（6-3）。

$$t_r' = t_r - t_0 \tag{6-2}$$

$$\alpha_{2:1} = \frac{t_{r2}'}{t_{r1}'} \tag{6-3}$$

6.1.2.2 定量参数

（1）峰面积（A） 指色谱峰与峰底之间的面积，是色谱定量分析的重要参数。

（2）峰高（h） 表示组分从柱后流出最大浓度时检测器输出的信号值，也可用于色谱定量分析。

6.1.2.3 区域宽度

区域宽度的参数可以用于色谱柱的柱效评价，也可以用于计算组分间的分离度，主要包括：标准偏差（σ），是 0.607 峰高所对应的峰宽的一半，反映组分流出的分散程度，可用于评价色谱柱的柱效；半峰宽（$W_{1/2}$）和峰宽（W），也可用于反映色谱峰展宽情况，计算方法见式（6-4）和式（6-5）。

$$W_{1/2} = 2.345\sigma \tag{6-4}$$

$$W = 4\sigma \tag{6-5}$$

6.1.2.4 分离度

分离度（R）也称为分辨率，反映相邻组分被色谱柱分离的程度，是对色谱峰分离程度的度量，见图 6-2。其定义为相邻两组分色谱峰保留值之差与两峰宽度平均值之比，见式（6-6）。

$$R = \frac{2(t_{r2} - t_{r1})}{W_2 + W_1} \tag{6-6}$$

$R<1$，两组分部分重叠；$R=1$，分离程度达 98%；$R=1.5$，分离程度达 99.7%（完全分离标志）。分离度的作用：①评价色谱柱分离效能；②评价分离系统的选择是否合适。

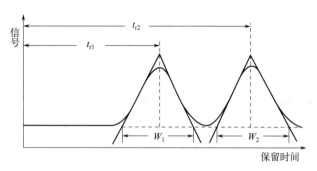

图 6-2 多组分的色谱分离情况

6.1.3 色谱分离理论

色谱分离过程是色谱热力学和动力学相互作用的结果，其中通过色谱热力学可以确定组分流出色谱柱浓度最大值的位置，即色谱峰的保留时间，也可以通过色谱热力学评价色谱柱的柱效。但是色谱热力学方程，即塔板理论并不能解释组分在色谱柱中为何会谱峰展宽，另外如何降低色谱峰的展宽、提高柱效，这都是热力学理论无法解释的。而采用色谱动力学理论，即范第姆特方程（又称速率理论方程），可以很好地解释色谱峰为何展宽，如何通过降低塔板高度而降低谱峰展宽，从而提高色谱分离效率。

6.1.3.1 塔板理论

（1）塔板理论的定义 1941 年，英国的马丁和辛格等提出以"精馏塔"为模型来描述色谱的分离过程，即塔板理论，塔板理论是从热力学的角度说明组分在色谱柱内的分离原理。H 表示每一块塔板的高度，n 表示塔板数目。可以用塔板数评价色谱柱的柱效，塔板数越多，柱效越高；也可以采用塔板高度来评价色谱柱的柱效。

（2）柱效评价 根据色谱峰的保留时间和半峰宽或峰宽计算理论塔板数，从而评价色谱柱的柱效，见式（6-7）和式（6-8）。

$$n = 5.54 \left(\frac{t_r}{W_{1/2}} \right)^2 \tag{6-7}$$

$$n = 16 \left(\frac{t_r}{W} \right)^2 \tag{6-8}$$

由于固定相的空隙体积对组分分离不起作用，因而采用保留时间计算的理论塔板数不能正确反映色谱柱的柱效，可采用调整保留时间计算塔板数，称为有效塔板数 n_{eff} 和有效塔板高度 H_{eff}。

6.1.3.2 速率理论

虽然塔板理论可以用于评价色谱分离的柱效，也可以描述组分浓度最大值的出峰位置，但该理论与实际分离情况还存在偏差，不能反映待测组分在色谱柱内的分离情况，即其色谱峰的展宽原因，因而无法对实际分离情况进行优化。

1956 年，范第姆特提出速率理论，该理论在塔板理论基础上综合考虑了组分分子的纵向扩散和组分在两相间的传质过程，全面概括了引起色谱峰展宽的因素，见式（6-9）。色谱峰的峰宽由载气流速、组分扩散及传质等多种因素决定，据此可提出提高色谱分离柱效的主要途径和方法。

$$H = A + \frac{B}{\mu} + C\mu \tag{6-9}$$

式中，H 为塔板高度；A 为涡流扩散项；B/μ 为分子扩散项；$C\mu$ 为传质阻力项；μ 为流动相线速度。可通过调节上述参数降低塔板高度，从而降低谱峰展宽，达到提高柱效的目的。

6.2 分析方法

6.2.1 定性分析

色谱定性分析是确定目标组分是什么，通常采用标准物质对照法，依据组分的保留时间进行定性。在相同的分析条件下分别测定样品和标准物质，如果保留时间相同，可初步认为是同种物质。

6.2.1.1 保留值定性

（1）利用保留时间定性　可将标准物质的保留时间与样品中待测组分的保留时间直接比较，确定是否含有该种物质；也可采用标准加入法，判断样品中是否含有目标组分。

（2）利用相对保留值定性　在没有标准物质时可采用此法，将得到的相对保留值 α_{is} 与文献报道的 α_{is} 值比较，但必须在相同条件下进行。i 代表需定性的某一组分，s 代表标准物质。

6.2.1.2 保留指数定性

该方法是选取两个碳原子数相连的正构烷烃为参比物质，待测组分的谱峰在两个正构烷烃之间，计算待测组分的保留指数，用此参数进行定性分析。规定每个正构烷烃的保留指数为其碳原子数乘以 100。

组分 x 的保留指数以式（6-10）计算：

$$I_x = 100\left(Z + \frac{\lg t'_{r_x} - \lg t'_{r_Z}}{\lg t'_{r_{Z+1}} - \lg t'_{r_Z}}\right) \tag{6-10}$$

式中，I_x 为待测组分的保留指数；Z、$Z+1$ 分别为相邻两个正构烷烃的碳原子数；x 为待测组分。

还可以采用保留值规律，如沸点规律、碳数规律等经验公式进行定性分析，也可以与其他结构鉴定方法联用，如气相色谱-红外光谱联用、气相色谱-质谱联用等方法进行定性分析。

6.2.2　定量分析

气相色谱定量分析的依据是目标组分的响应信号（峰高或峰面积）与物质的含量或浓度呈线性关系，因而可根据组分的响应值对其进行定量分析。

（1）外标法　外标法也称为标准曲线法，其具体操作见图 6-3。配制不同浓度的待测物质标准溶液，在相同的分析条件下，分别测定各标准溶液中目标组分的峰面积，以峰面积为纵坐标，标准溶液的浓度为横坐标，绘制标准曲线；然后在相同的分析条件下，测定待测样品溶液中目标组分的峰面积，计算待测溶液中目标组分的含量。

外标法的特点是操作简便，不需要测定待测物质的校正因子，但是外标法进行定量分析受分析条件的影响，无法保证定量分析的重复性和准确性。

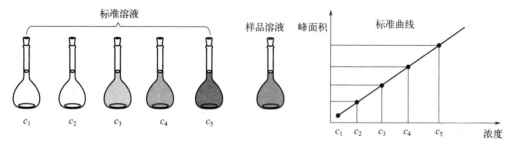

图 6-3　外标法操作示意

（2）归一化法　当样品中所有组分都能分离，且离开色谱柱后在检测器中均能产生响应信号，则可根据各谱峰的峰面积和校正因子用归一化法进行定量分析，计算公式见式（6-11）。

$$W_i = \frac{A_i f_i}{A_1 f_1 + A_2 f_2 + \cdots + A_n f_n} \times 100\% \tag{6-11}$$

式中，f 为校正因子；A 为峰面积；W 为样品含量。相比于外标法，归一化法定量更为准确，而且实验操作简便，不需要配制标准溶液，各组分都是在同一分析条件下进样分离，因而受操作条件影响较小。

（3）内标法　将与待测组分性质相近的内标物定量地加入不同浓度的标准溶液和样品溶液中，加入量相同，然后在相同条件下分离（见图 6-4）；以两物质的峰面积之比为纵坐标，标准溶液的浓度为横坐标，绘制标准曲线，计算样品中待测物质的浓度。内标法比外标法定量更为准确，对进样量和操作条件的控制不严格。

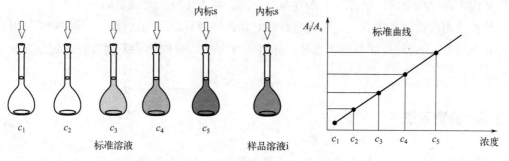

图 6-4　内标法操作示意

6.3 仪器结构与原理

气相色谱仪主要由载气系统、进样系统、分离系统、检测系统、温控系统和数据处理系统等几部分构成（见图 6-5）。

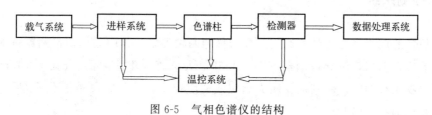

图 6-5　气相色谱仪的结构

6.3.1 载气系统

载气系统的作用是推动样品组分在色谱柱内向前运动，从而在固定相中实现分离，所以载气系统应是一个连续运行的密闭管路系统，包括以下几部分：载气钢瓶、减压阀、净化器、流量计等。

在气相色谱中常用的载气有氮气（N_2）、氦气（He）、氢气（H_2）等惰性气体。H_2、He 为载气时色谱的分离效果好，检测灵敏度高，但 H_2 容易爆炸，He 相对较为昂贵，所以常用的载气为高纯 N_2。

载气不能与样品组分或固定相发生化学反应，还要求是无毒、价廉和高纯度（纯度为 $99.995\% \sim 99.999\%$），且不含水分、氧气等其他杂质（可采用净化管去除水分和氧气等杂质）。载气通常存储于钢瓶内，钢瓶压力为 $150 kg/cm^2$（总压），减压阀输出为（工作压）$4 \sim 5 kg/cm^2$。

6.3.2 进样系统

气相色谱的进样系统主要包括进样口和气化室两部分。其中进样口的作用是将样品引入进样体系中，要求进样口进样方便、气密性好；而气化室的作用是使样品组分瞬间气化，从而实现后续分离。进样口下端连接气化室，两者形成一个完整的进样系统。

目前气相色谱的进样方式有手动进样和自动进样两种，手动进样用微量注射器（几微升～几十微升）。自动进样器的特点是：注射速度可变、进样体积范围宽、适用于多种进样模式等。

6.3.3　分离系统

在气相色谱中色谱柱主要分为填充柱和毛细管柱。其中填充柱内径一般在 3～6mm，是将固定相装填在柱管内，然后置于柱温箱中，柱温箱中有温控装置，通过调节分离温度等参数达到分离目的；毛细管柱的内径为 0.1～0.5mm，是将固定相涂覆或键合在石英毛细管的内壁，色谱柱中间是空的，因而相比于填充柱，毛细管柱可以在较高的流速下分析，柱长可达几十米甚至上百米，显著提高了柱效。

6.3.4　检测系统

气相色谱的检测器通常分为通用型和选择型两种类型。其中通用型检测器对绝大多数物质都有响应，例如，热导检测器（TCD）和氢火焰离子化检测器（FID）；选择型检测器仅对某些物质有响应，对其他物质无响应或响应很小，例如，电子捕获检测器（ECD）和火焰光度检测器（FPD）。

6.3.4.1　热导检测器（TCD）

TCD 是根据不同物质具有不同的导热系数这一原理而设计的，结构简单、稳定性好，而且对所有的物质都有响应，适用范围广，灵敏度约为 10^{-6} g/L，是气相色谱常用的检测器。

热导检测器由两个测量臂和两个参考臂组成，四臂形成了惠斯通电桥。在只有载气通过时，四个臂的温度不变，四臂的电阻 $R_1R_4 = R_2R_3$，电桥两端无电压信号输出，此时采集的信号为基线。当样品随载气进入两个测量臂时，导热系数发生变化，测量臂温度随之发生变化，此时四臂的电阻 $R_1R_4 \neq R_2R_3$，电桥失去平衡，电桥两端有信号输出，此时采集的信号为样品信号。

6.3.4.2　电子捕获检测器（ECD）

ECD 是浓度型检测器，灵敏度高，可检测到 10^{-14} g/mL 的浓度；线性范围相对较窄，通常为 $10^2 \sim 10^4$。由于其对含电负性元素的化合物相对灵敏，因此主要测定含卤族元素化合物。

ECD 主要由阴极和阳极组成，阴极为圆筒状 β 放射源（^{63}Ni 或 ^{3}H），阳极以不锈钢棒作为正极。其原理为检测器中的放射性同位素 ^{63}Ni 发射 β 射线，在电场作用下被加速，载气在高速电子碰撞下形成载气正离子，此时主要离子为载气正离子和电子，形成基流；

当含电负性元素的化合物进入检测器中，电负性原子捕捉基流中的电子，形成样品的负离子，同时释放能量；样品的负离子与载气正离子相互作用，形成中性的载气分子和样品分子，使基流下降，在谱图上形成负峰。工作原理见式（6-12）～式（6-14）。

$$N_2 \longrightarrow N_2^+ + e^- \tag{6-12}$$

$$AB(电负性物质) + e^- \longrightarrow AB^- + E \tag{6-13}$$

$$AB^- + N_2^+ \longrightarrow AB + N_2 \tag{6-14}$$

6.3.4.3 氢火焰离子化检测器（FID）

FID 是利用 H_2 和空气燃烧的火焰作电离源，利用含碳氢有机物在火焰中燃烧产生离子，在外加热下使离子形成离子流，根据离子流产生的电信号强度而响应的质量型检测器，对含－CH 基团的有机物有很高的灵敏度。

（1）检测器的结构 图 6-6 是 FID 的结构示意图。FID 需要燃气和助燃气形成火焰，所以，该检测器由 3 路气体组成：载气、燃气为氢气、助燃气为空气。检测器主要由极化极和收集极组成，主体为离子室，在极化极和收集极上施加极化电压，形成电场。

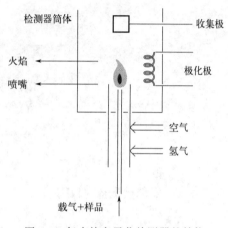

图 6-6 氢火焰离子化检测器的结构

（2）工作原理 目前对其形成机理并不十分清楚，普遍认为是化学电离。通常含碳氢基团的有机化合物在 FID 火焰中电离 [见式（6-15）～式（6-17）]，形成 CHO^+、H_3O^+ 的碎片离子和电子，在外加 $150\sim300V$ 直流电场作用下，碎片离子和电子向两极移动而产生微电流，经放大器放大后传输给记录仪，记录下色谱峰。

$$C_nH_m \longrightarrow \cdot CH(自由基) \tag{6-15}$$

$$2\cdot CH + O_2 \longrightarrow 2CHO^+ + 2e^- \tag{6-16}$$

$$CHO^+ + H_2O \longrightarrow H_3O^+ + CO \tag{6-17}$$

6.3.4.4 火焰光度检测器（FPD）

FPD 是目前气相色谱常用的一种光学检测器，只对含硫或含磷的化合物有响应信号，检测限可达 $10^{-12}g/s$（对 P）或 $10^{-11}g/s$（对 S）。

（1）检测器的结构 FPD 主要由火焰喷嘴、石英窗、滤光片及光电倍增管等部分组成，见图 6-7。石英火焰喷嘴为 FPD 的燃烧系统，结构类似于 FID，滤光片用于过滤物质发射光中的杂散光，光电倍增管为检测元件。

（2）工作原理 待测组分在氢火焰中发生化学反应，吸收火焰产生的热量，跃迁到激发态，由于在激发态不稳定，在回到基态过程中以光的形式释放能量，通过检测元件测定其发射的光的强度，可以对待测组分进行定量分析 [见式（6-18）～式（6-21）]。其中，含硫化合物的发射波长是 394nm，含磷化合物的发射波长是 526nm。

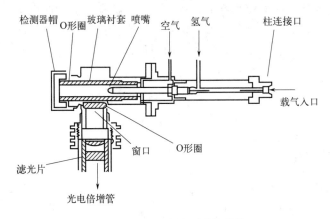

图 6-7　火焰光度检测器的结构

$$RS + 2O_2 \longrightarrow SO_2 + CO_2 \tag{6-18}$$

$$SO_2 + 2H_2 \longrightarrow S + 2H_2O \tag{6-19}$$

$$S + S \longrightarrow S_2^* （化学发光物质） \tag{6-20}$$

$$S_2^* \longrightarrow S_2 + h\nu(\lambda_{max} = 394nm)(350 \sim 430nm) \tag{6-21}$$

6.3.4.5　氮磷检测器（NPD）

其结构与 FID 相似，也由喷嘴、发射极和收集极等部分组成。由于 NPD 的火焰不是化学计量火焰，不能使碳氢化合物在火焰中发生化学电离，但铷盐珠表面的碱盐离子能促进有机氮或有机磷化合物的电离。因而，NPD 对 N 的灵敏度约为 10^{-13} g/s，对 P 为 10^{-14} g/s，专用于痕量氮、磷化合物的检测。

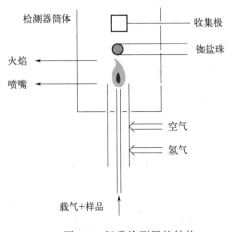

图 6-8　氮磷检测器的结构

（1）检测器的结构　NPD 与 FID 的结构非常相似，见图 6-8。与 FID 相比 NPD 具有以下特点：多一热电离源（用非挥发性的硅酸铷珠用电加热而成，简称电离源）及其加热系统；喷嘴的极性是可变的。

（2）工作原理　样品和载气经过一个 H_2/空气等离子体，低的 H_2/空气比不能维持火焰，此低浓度的 H_2 只能在电离源表面形成一层化学活泼性很高的"冷氢焰"，使碳氢化合物的电离减至最小；当氮、磷化合物进入"冷氢焰区"，即发生热化学分解，产生 CN 和 PO、PO_2 等电负性基团；这些基团从电离源表面或其周围的气相中得到电子，变成负离子，在高压电场的作用下，该负离子移向正电位的收集极，产生信号。

（3）使用注意事项　断气前断电（加热电流），氢气维持低流速，延长电离源寿命。避免大量电负性的化合物进入检测器，如含 Cl 的溶剂等。使用 H_2 注意安全。

6.4 实验内容

实验一 乙醇和正丁醇的气相色谱分析（归一化法）

一、实验目的

1.掌握气相色谱仪的操作方法。
2.熟悉气相色谱的定性及定量分析方法。

二、实验原理

样品组分在气相色谱的两相，即流动相（载气）和固定相间由于吸附或分配作用不同，形成差速迁移，以不同的分析速度离开色谱柱，进入检测器进行测定。根据待测组分的保留时间可进行定性分析，而根据待测组分的峰面积或峰高可进行定量分析。定量分析方法有外标法、内标法和归一化法，本实验采用归一化法对混合样品中的正丁醇含量进行测定。

三、仪器和试剂

1.仪器
气相色谱仪 Agilent 7890B，配备自动进样器，FID、ECD 和 NPD。
2.试剂
标准物质：乙醇、正丁醇。待测样品：乙醇和正丁醇的混合溶液。

四、实验步骤

1.分析条件
采用气相色谱-FID 检测器分析小分子有机醇类化合物。载气：氮气；燃气：氢气；助燃气：空气；色谱柱：60cm×2mm i.d.；柱温：80℃；进样口温度：120℃；检测器：FID；检测器温度：160℃；进样量：0.1µL。
2.标准溶液测定
在上述分析条件下，分别将乙醇和正丁醇的标准溶液进样到气相色谱仪进行分析，记录乙醇和正丁醇的保留时间，及各自的峰面积。
3.样品溶液测定
在相同的分析条件下，对样品混合溶液进行分析，记录样品中各峰的保留时间和峰面积。

五、实验结果

1.将标准物和待测物的保留时间记录在表 6-1 中，比较标准物和待测物的保留时间，若相同即可确认为同一物质。

表 6-1　样品测定信息

样品	保留时间/min	校正因子 f	峰面积
标准品乙醇		1.05	—
标准品正丁醇		1.35	—
混合溶液 1# 峰		—	
混合溶液 2# 峰		—	

2.根据表 6-1 中的校正因子及峰面积，采用归一化法计算混合溶液中正丁醇的含量。

六、问题与讨论

1.在色谱分析中采用保留时间定性是否可以完全确定样品中含有待测物质？

2.如果待测物质与杂质成分无法完全分离，是否可以采用归一化法对待测物质的含量进行分析？

实验二　蔬菜中有机氯农药残留量的测定（磺化净化法）

一、实验目的

1.掌握气相色谱仪的实验操作方法。

2.掌握有机氯农药残留的样品制备方法。

3.熟悉有机氯农药的定性及定量分析方法。

二、实验原理

用丙酮提取样品中的有机氯农药，在氯化钠存在下，用石油醚液-液萃取分配；再将有机萃取液用浓硫酸磺化法净化，净化液经过浓缩后，用配有电子捕获检测器的气相色谱仪测定。根据组分保留时间定性分析，采用外标法进行定量分析。

三、仪器和试剂

1.仪器

气相色谱仪 Agilent 7890B，配有自动进样器和 ECD。马弗炉、恒温干燥箱、旋转蒸发仪、超声波萃取仪、组织捣碎机、电子天平、不锈钢药匙、称量纸和称量瓶、10μL 微量注射器、150mL 锥形瓶、50mL 烧杯。

2.试剂

丙酮（分析纯）、石油醚（分析纯）、氯化钠（分析纯）、无水硫酸钠（分析纯，在 650℃活化 6h，冷却后贮于真空干燥器中）、有机氯标准物质（纯度＞96%）。

有机氯农药标准溶液配制：首先配制标准贮备液（1.0mg/mL），然后逐级稀释再配制成浓度分别为 0.005mg/L、0.01mg/L、0.02mg/L、0.05mg/L、0.1mg/L 的标准工作溶液。

3.试样的制备

（1）粮食试样：经粉碎过 20 目筛，备用。

（2）水果、蔬菜试样：去掉非可食部分，洗净，晾去表面水分，用四分法取可食部分，切碎后用组织捣碎机制成匀浆，备用。

四、实验步骤

1.提取

称取样品 10g（精确至 0.01g）置于 150mL 锥形瓶中，加入丙酮 30mL、水 10mL，用超声波萃取仪处理 10min。提取后，过滤收集滤液，再向残渣中加入 15mL 丙酮，重复提取两次，合并提取液。分取 30mL 提取液，向其中加入氯化钠 6g，振荡摇匀，加入 30mL 石油醚超声处理 10min。静置 2min 使水相与有机溶剂相分层，重复上述萃取过程 2 次，每次用 20mL 石油醚萃取，合并萃取液。将有机相移入装有一定量无水硫酸钠的 50mL 烧杯中脱水，备用。

2.净化与浓缩

准确量取干燥后的有机相溶液 35mL，于 50℃水浴蒸发至近干。用 5mL 石油醚溶解，转移到 10mL 试管中，再向试管中小心加入 1mL 浓硫酸，轻轻振荡 1min，注意排气。静置 2min 后取上清液 2μL 用于气相色谱测定。如果有机相不澄清，重复加入浓硫酸，至净化后的有机相澄清为止。

3.气相色谱测定

（1）色谱分析条件

温度设置：色谱柱 220℃；进样口 250℃；检测器 280℃。色谱柱：HP-5 毛细管色谱柱，30m×0.32mm i.d.×0.25μm。载气：氮气，纯度≥99.99%，流速 1.0mL/min。进样量：1.0μL。

（2）样品测定：吸取 1μL 混合标准工作溶液，在上述色谱分析条件下测定各标准工作溶液，分别记录各标准物质的峰面积和保留时间。以不同浓度的标准物质的峰面积为纵坐标，浓度为横坐标，绘制标准曲线。要求混合标准工作溶液和样液中农药响应值均应在仪器检测线性范围内。

在上述色谱分析条件下，测定样品溶液，记录样品中各谱峰的保留时间和峰面积。以保留时间定性，以试样的峰高或峰面积定量（代入标准曲线方程中计算样品中待测组分的残留量）。

（3）空白试验：不加试样，按上述测定步骤测定空白样品。

五、实验结果

1.记录混合标准工作溶液和样品溶液中各谱峰的保留时间和峰面积，绘制各组分的标准曲线，给出标准曲线图、标准曲线方程及相关系数。

2.采用外标法计算待测组分的残留量。

待测组分的残留量为 x mg/kg，采用下列公式计算：

$$x = \frac{A_i c V n}{A_s m} \qquad (6\text{-}22)$$

式中，x 为试样中有机氯农药的残留量，mg/kg；A_i 为样液中 i 组分的峰面积；A_s 为标准工作溶液中 i 组分的峰面积；c 为标准工作溶液中 i 组分的浓度，μg/mL；m 为称取的试样量，g；n 为样液分取倍数；V 为样液最终定容体积，mL。

注：计算结果需扣除空白值，并保留两位有效数字。

3. 方法的回收率

在样品中定量加入有机氯组分的标准溶液，按照上述相同的色谱分析条件进行样品分析检测，计算添加样品中有机氯组分的含量，计算出来的测定值与实际添加值之比为回收率，即该方法的回收率。

六、问题与讨论

1. 在有机氯农药残留样品提取时，要加入浓硫酸进行样品净化，请解释净化的原理。
2. 在有机氯农药残留样品提取时，加入氯化钠的目的是什么？

实验三　气相色谱法测定烷烃类化合物（外标法）

一、实验目的

1. 掌握气相色谱仪的结构和仪器操作步骤。
2. 熟悉用气相色谱法对烷烃进行定性和定量的分析方法。

二、实验原理

1. 热导检测器（TCD）

TCD 是通过比较纯载气（参比气）与含有样品的载气的热导率的变化来对待测组分进行检测的。未进样时，参比池和样品池流出气均为载气（氮气），热导丝温度不变；进样时，参比仍为氮气，而色谱柱流出气成分发生变化，热导丝温度发生变化，使惠斯通电桥发生偏移产生信号差。样品组分浓度越高，温度变化越大，信号差值越大，色谱峰越高。

2. 色谱分离原理

根据混合物中不同组分在某种物化性质上的差异，选择一种固定相-流动相体系，使不同组分（如戊烷、己烷）在该体系［二甲基聚硅氧烷（SE-30）与 N_2］的两相中有不同的分配系数，并且让它们在该两相体系中进行反复多次的移动-分配，进而产生不同的移动速度，最终分离成单一组分，以先后不同顺序从色谱柱流出，达到分离的目的。

三、仪器和试剂

1. 仪器

安捷伦 7890B 型气相色谱仪，配有 TCD。10μL 微量进样针、色谱柱（1.5% SE-30

不锈钢填充柱，柱长 1.6m，柱内径 3.2mm）、电子天平、称量瓶、吸管、容量瓶、移液管。

2. 试剂

戊烷（色谱纯）、己烷（色谱纯）。

四、实验步骤

1. 连接色谱柱、进样器及检测器。

2. 检查气路气密性

逆时针旋转打开载气钢瓶，减压表顺时针旋转到 0.5MPa，使用非离子表面活性剂水溶液检查系统气密性。

3. 开机

（1）首先电脑开机，打开气相色谱仪电源开关，随后打开采集软件。

（2）进行参数设置，设定载气流量 50mL/min。

（3）设定温度：仪器稳定 5～10min 后，设定进样口温度（INJ）150℃、检测器（TCD）温度150℃、色谱柱（COL＋TEMP）温度80℃，并查看当前进样口、检测器、色谱柱的温度。

（4）待温度达到设定值后，设定 TCD 电流值为 70mA。

（5）打开采集界面，等待基线稳定。

4. 定性、定量分析

（1）定性分析：先用溶剂润洗进样针，再用待测液润洗进样针，排气泡、定量、进样，最后再用溶剂洗针。分别吸取 2.0μL 戊烷和己烷单标溶剂进样分析，记录其保留时间，确定后续混合溶液中各峰的归属。

（2）标准曲线绘制：分别吸取 2.0μL 戊烷含量为 5％、10％、25％、50％、75％的戊烷-己烷混合溶液，在选择的进样口依次进样分析，同时进行数据采集。

（3）样品分析：吸取 2.0μL 含量未知的戊烷样品，进样分析，判断戊烷的色谱峰，记录其保留时间和峰面积，并根据绘制的标准曲线进行定量，求出样品中戊烷的含量。

5. 关机

（1）降低色谱柱温度至室温。

（2）降低进样口、检测器温度至室温。

（3）将其他参数复原，当温度降至室温后，退出采集软件，关闭仪器主机开关，关闭载气，关闭电脑。

注意事项：

① 确保气路系统良好的密闭性。

② 在开机升温前先通载气，以免损坏色谱柱及检测器。

③ 确保 TCD 的热丝不被烧断。在检测器通电流之前，一定要确保载气（氮气）已经通过检测器；同时，关机时一定要先关检测器电源，然后关载气。由于载气中含有氧气时，会使热丝寿命缩短，所以用 TCD 时载气必须除氧，而且不要使用聚四氟乙烯作载气输送管，因为它会渗透氧气。

五、实验结果

1. 依据戊烷和己烷标准物质的保留时间判断样品中是否含有烷烃。

2. 依据峰面积与含量的关系绘制戊烷的标准曲线，并记录标准曲线方程和相关系数，填入表 6-2。

表 6-2　测定结果

戊烷含量/%		5	10	25	50	75
戊烷	t_r/min					
	峰面积					
标准曲线方程					相关系数	
己烷	t_r/min					
	峰面积					
标准曲线方程					相关系数	

3. 如果判定样品中含有烷烃，根据标准曲线计算样品中烷烃的含量。

六、问题与讨论

1. 气相色谱仪由哪些系统构成？各系统的功能是什么？
2. 气相色谱法定性和定量的参数之间有什么关系？
3. 气相色谱分析过程中，如果出现漏气情况会有什么影响？

实验四　黄瓜中毒死蜱残留分析（气相色谱法）

一、实验目的

1. 熟悉有机磷类化合物样品前处理的实验步骤。
2. 掌握样品前处理各步骤中使用的仪器设备操作及实验方法。

二、实验原理

毒死蜱属于有机磷类杀虫剂，其极性较弱，沸点相对较低，化学结构见图 6-9，适合用气相色谱进行测定。毒死蜱含有杂原子磷，可采用火焰光度检测器（FPD）进行检测。由于基质或杂质成分中几乎没有含硫或含磷化合物，故待测组分在色谱分析中干扰小，定性及定量准确性较高。

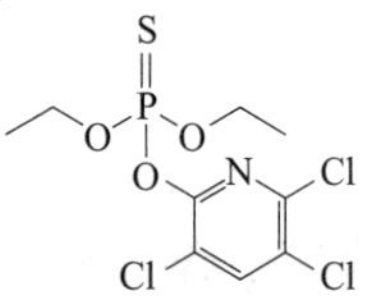

图 6-9　毒死蜱的化学结构

毒死蜱农药在非极性有机溶剂中有较大溶解度，故选用乙酸乙酯作为提取剂超声波提取，然后提取液经固相萃取并进行净化，净化液经浓缩、过滤后即可进行气相色谱分析。根据毒死蜱的保留时间定性分析，依据其峰面积采用外标法定量分析。

三、仪器和试剂

1.仪器

安捷伦 7890B 气相色谱仪，配有 FPD。马弗炉、恒温干燥箱、匀浆仪、旋转蒸发仪、超声波发生器、电子天平、称量瓶、容量瓶、离心管、鸡心瓶或具塞锥形瓶、烧杯、移液管或移液枪、量筒。

2.试剂

毒死蜱标准品（纯度＞96％），分析纯的乙酸乙酯、正己烷、乙腈、甲苯、无水硫酸钠（650℃活化 6h，冷却后放置在真空干燥箱中保存），色谱纯的甲醇，有机滤膜，CARB-NH$_2$ 固相萃取柱。

毒死蜱标准工作溶液的配制：首先配制成浓度为 1.0mg/mL 的标准贮备液，然后用色谱纯溶剂逐级稀释配制成不同浓度的标准工作溶液，用于外标法定量。

四、实验步骤

1.样品提取

准确称取待测样品 10g，置于 50mL 离心管中，加入 6g 无水硫酸钠和 30mL 乙酸乙酯，匀浆 5min，5000r/min 离心 5min，上清液过滤于 250mL 具塞锥形瓶中，残渣加入 30mL 乙酸乙酯再提取一次，过滤，合并滤液于上述锥形瓶中，于 45℃以下浓缩至近干，再用 2mL 乙酸乙酯-正己烷溶解残渣，待净化。

2.样品净化

（1）活化：在 CARB-NH$_2$ 固相萃取柱上加入 2g 无水硫酸钠，然后用 4mL 乙腈＋甲苯（3＋1，体积比）预洗小柱，流出液弃去，液面到达硫酸钠的顶部时上样。

（2）上样：将净化后的浓缩液加入上述小柱，并用试管接收流出液。

（3）洗脱：再用 6mL 乙腈＋甲苯（3＋1，体积比）分三次洗涤样液瓶，洗涤液加入柱中，流出液接收在同一个试管中；加入 10mL 乙腈＋甲苯（3＋1，体积比）进行洗脱，洗脱液也收集在上述试管中。

（4）溶解：将上述洗脱液在 45℃水浴中减压蒸馏至近干，加入 1mL 的甲醇溶解，经 0.45μm 滤膜过滤后，待色谱测定。

3.添加实验

再称取待测样品 10g，向其中加入毒死蜱标准溶液（添加浓度 0.2μg/g），然后加入提取溶剂，进行上述提取及净化步骤，得到净化溶液即为添加样品溶液。

4.样品测定

（1）色谱条件：100％聚甲基硅氧烷（DB-1 或 HP-1）色谱柱，30m×0.53mm i. d. ×1.50μm；进样口温度 220℃；检测器温度 250℃；柱温 150℃保持 2min，随后以 8℃/min 升温到 250℃，保持 12min；载气为氮气，流速 10mL/min；燃气为氢气，流速 75mL/min；助燃气为空气，流速 100mL/min；进样方式为不分流进样。

（2）测定：在上述色谱条件下分别测定毒死蜱的标准工作溶液和样品溶液，记录各谱峰的保留时间和峰面积。

（3）添加样品测定：在相同的色谱条件下，测定添加样品溶液，记录各谱峰的保留时间和峰面积。

五、实验结果

1.将标准溶液中毒死蜱的保留时间，和样品溶液中待测组分的保留时间相比较，确定样品中是否有毒死蜱残留。

2.根据标准工作溶液中毒死蜱的峰面积，以峰面积为纵坐标，浓度为横坐标，绘制标准曲线，给出标准曲线方程和相关系数，填入表 6-3。

表 6-3　实验结果

浓度/(μg/mL)		0.02	0.05	0.1	0.5	1.0
毒死蜱标准溶液	t_r/min					
	峰面积					
标准曲线方程					相关系数	

3.如确定有毒死蜱残留，根据上述标准曲线方程，采用外标法确定其残留量。

4.添加样品溶液测定后，根据添加量及测定量算出添加回收率。

六、问题与讨论

1.采用 CARB-NH$_2$ 固相萃取柱净化毒死蜱样品溶液的净化原理是什么？

2.毒死蜱属于有机磷类农药，除了采用 FPD 检测灵敏度高外，还可以采用什么检测器保证其具有较高的检测灵敏度？

实验五　豆粉中饱和脂肪酸含量的测定（衍生化法）

一、实验目的

1.熟悉并掌握脂肪酸的气相色谱检测方法。

2.掌握脂肪酸提取、纯化及衍生等实验操作方法。

二、实验原理

用乙醚提取样品中的脂肪，再用碱将脂肪水解，即游离出结合在脂肪中的各个脂肪酸钠盐，酸化后即得游离的脂肪酸。

由于脂肪中常见的脂肪酸分子极性及沸点均很高，且在高温下也很不稳定，不适于进行气相色谱分析。所以，脂肪酸在进行气相色谱测定之前，需要衍生化，一般先进行甲酯化处理，形成极性及沸点均相对较低的脂肪酸甲酯。用气相色谱仪测定各脂肪酸甲酯，可间接计算各脂肪酸的含量。

三、仪器和试剂

1. 仪器

安捷伦 7890B 型气相色谱仪，配有 FID。10μL 微量进样针、电子天平、称量纸、不锈钢药匙、恒温水浴（25～100℃）、容量瓶、移液管或移液枪、量筒、锥形瓶、烧杯、定量滤纸。

2. 试剂

分析纯的乙醚、石油醚、甲醇、氢氧化钠和三氟化硼，脂肪酸甲酯标准品。分别配制12.5％三氟化硼-甲醇溶液、0.5mol/L 氢氧化钠-甲醇溶液。

脂肪酸甲酯标准工作溶液配制：首先配制脂肪酸甲酯的标准贮备液（1mg/mL），然后用溶剂逐级稀释配成标准工作溶液。

四、实验步骤

1. 样品前处理

（1）样品提取：称取样品 0.2g（精确至 0.001g），加入 2mL 乙醚后超声波处理15min，收集滤液。重复此步操作 1 次，合并滤液，蒸干。

（2）皂化反应：向蒸干的残渣中加入 2mL 0.5mol/L 氢氧化钠-甲醇溶液，置于 55℃水浴中皂化（需 5～10min），冷却。

（3）衍生反应：向皂化后的溶液中加入 2mL 12.5％三氟化硼-甲醇溶液，将混合溶液在沸水浴上煮 2min，进行甲酯化，冷却。

（4）萃取醚层：向衍生反应后的溶液中加入 1mL 石油醚，轻轻振摇，使甲酯转入醚层，静置分层，分液取醚层用于气相色谱分析。

2. 色谱分析

（1）色谱条件　检测器：FID；色谱柱：15％ DEGS（二乙二醇琥珀酸酯，2.6m×1.1mm i.d.）的玻璃填充柱；载气：氮气，流速 50mL/min；燃气：氢气；助燃气：空气；温度设置：色谱柱 210℃，进样口 250℃，检测器 250℃。

（2）样品分析　用微量注射器吸取脂肪酸甲酯标准溶液 1μL，进样后测定其保留时间及峰面积，绘制标准曲线。

在相同的色谱条件下，再吸取处理后的样品溶液 1μL，进样后测定其保留时间及峰面积。

五、实验结果

1. 根据脂肪酸甲酯标准溶液的峰面积和浓度，绘制标准曲线，给出标准曲线方程和相关系数。

2. 记录样品溶液中待测组分的保留时间，与标样的保留时间进行对照，确定样品中是否含有脂肪酸。如确定含有脂肪酸，计算其含量（mg/mL）。

六、问题与讨论

1. 气相色谱法测定脂肪酸样品前为何要进行衍生化处理？

2.在脂肪酸衍生化前，样品进行皂化的目的是什么？

实验六　气相色谱的载气流速与理论塔板高度的关系

一、实验目的

1.理解气相色谱的理论方程——范第姆特方程的意义及理论塔板高度的含义。

2.掌握气相色谱仪热导检测器的检测原理与仪器操作方法。

二、实验原理

根据塔板理论，则有：

$$H = \frac{L}{n} = \frac{L}{16\left(\dfrac{t_r}{W}\right)^2} = \frac{LW^2}{16t_r^2} \tag{6-23}$$

式中，H 为理论塔板高度；n 为理论塔板数；t_r 为保留时间；W 为峰底宽度；L 为柱长。

采用标准物质测得保留时间就可算出理论塔板高度。根据范第姆特方程，理论塔板高度 H 与线速度 μ 之间有以下关系：

$$H = A + \frac{B}{\mu} + C\mu \tag{6-24}$$

在不同的线速度下测得已知试样的 H，就可以验证上述过程。在一定条件下，$\mu \propto H$（μ 为载气的线速度），所以，本实验以 μ 对 H 作图来定性验证范第姆特方程。表观线速度是由载气流速除以色谱柱的横截面积，再除以色谱柱孔隙度即为载气线速度。

$$\mu = \frac{载气流速(F)}{色谱柱截面面积(\pi r^2) \times 孔隙度} \tag{6-25}$$

三、仪器和试剂

1.仪器

安捷伦 7890B 型气相色谱仪、热导检测器（TCD）、氢气钢瓶、微量注射器、填充101 白色担体载 5%～10% PEG-6000 的 200mm×4mm i.d. 不锈钢分离柱。

2.试剂

乙醇，正丁醇和异戊醇混合液。

四、实验步骤

1.气路检查

打开实验室排气扇，检查仪器连接是否正常，气路系统有无漏气。然后打开氢气瓶的总压阀（手柄逆时针转动为开，此时低压阀须处于关闭状态），再缓缓打开减压阀（顺时针转动为开）调节压力到 0.5MPa，使载气流速达到测定要求。

2.开机

接通总电源，开启仪器主机电源开关，打开采集软件，设置参数。仪器稳定后使桥流到 150mA，等基线稳定后进行样品测定。

3.分析条件

温度设置：柱温 90℃，气化室温度 20℃，检测器温度 150℃；桥流：130mA；载气：氮气。

4.样品测定

进样 2μL，分别在 20mL/min、40mL/min、60mL/min、80mL/min、120mL/min 几种不同的流速下测异戊醇，记录其保留时间和峰宽，然后计算不同流速对应的载气线速度。

五、数据处理

1.记录不同分析条件下组分的保留时间和峰宽，计算其理论塔板高度，填入表 6-4。

表 6-4　实验测定结果

流速/(mL/min)	20	40	60	80	120
t_r/min					
W/min					
理论塔板数（n）					
理论塔板高度（H）/cm					

2.根据色谱柱内径、载气流速，计算不同流速对应的载气线速度（孔隙度为 0.8），填入表 6-5。

表 6-5　表观线速度和线速度

流速/(mL/min)	20	40	60	80	120
表观线速度/(mm/s)					
线速度 μ/(mm/s)					

3.以理论塔板高度对线速度 H-μ 作图，绘制曲线，确定最佳的线速度。

六、问题与讨论

1.测定 H-μ 曲线在色谱分析中有何意义？

2.当分析条件发生变化，同一种物质用相同的色谱柱分析，其理论塔板数是否有变化？

实验七　气相色谱法定量校正因子的测定

一、实验目的

1.掌握气相色谱中测定定量校正因子的方法。

2.掌握气相色谱仪的基本结构、操作技术与仪器性能。

二、实验原理

由于同一种检测器对相同量的不同物质具有不同的响应值，这样就不能用峰面积来直接计算物质的含量，需要对响应值进行校正。

为了消除色谱条件对响应值的影响，在色谱定量分析中通常采用相对校正因子 f_i'，即被测物质 i 与标准物质 s 的绝对质量校正因子之比计算：

$$f_i' = \frac{f_i}{f_s} = \frac{m_i/A_i}{m_s/A_s} = \frac{m_i A_s}{m_s A_i} \tag{6-26}$$

式中，f_s、m_s、A_s 分别为标准物质的绝对校正因子、质量和峰面积。相对校正因子 f_i' 通常称作校正因子，按被测组分使用的计量单位的不同，可分为质量校正因子和体积校正因子。

测定 f_i' 时，先准确称量被测物 i 和标准物质 s 的质量 m_i 和 m_s，混合后在一定条件下进行色谱测定，然后测算相应的峰面积 A_i 和 A_s，按上式计算 f_i' 值。

本实验以苯作为标准物质，分别测定甲苯、乙苯的相对校正因子。

三、仪器和试剂

1. 仪器

安捷伦 7890B 型气相色谱仪，配有 TCD。色谱柱：2m×3mm i.d. 不锈钢或玻璃柱管。氢气、氮气钢瓶，微量进样器（10μL），电子天平，称量瓶，容量瓶，吸管。

2. 试剂

分析纯的苯、甲苯、乙苯和邻二甲苯。

样品配制：称取苯 0.4g、甲苯 0.4~0.5g 和乙苯 0.5g（均称准至 1mg）于 50mL 容量瓶中，用邻二甲苯定容，摇匀备用。

四、实验步骤

1. 色谱柱的制备

（1）担体预处理：用 6mol/L 的盐酸浸泡 101 担体（60~80 目）约 0.5h，然后水洗至中性，抽干，转入烘箱于 105℃烘干 4~6h，冷却后再用 60~80 目筛过筛，置干燥器中备用。若担体为已经预处理过的产品，则可直接过筛，进行烘干处理后使用。

（2）固定相填料：按邻苯二甲酸二壬酯与担体比为 15：100 称取适量邻苯二甲酸二壬酯于蒸发皿中，以适量乙醚（或丙酮）溶解后，加入 101 担体浸泡涂渍，担体上应保持有约 3mm 的液层，轻缓搅拌，然后置于通风橱内使乙醚自然挥发完毕，移至红外干燥箱内烘干约 0.5h。

（3）填柱与柱老化处理：可采用真空泵抽洗法装填色谱柱。用固定相填料装满处理干净且烘干好的色谱柱管，使固定相填料均匀而紧密地装填在柱管内，在 110℃下老化 4~8h 后，即可连接到检测器上使用。

2. 实验条件

热导检测器（TCD）；载气流量：20mL/min；温度设置：柱温 110℃；气化室温度

150℃，检测温度 110℃；桥电流：150mA（氮为载气则 110mA），衰减比 1∶1；进样量：0.5μL。

3.样品测定

待基线稳定后，即可进样。取 0.5μL 混合试样进样，得到色谱图，重复进样两次。试样中各组分出峰顺序为：苯、甲苯、乙苯、邻二甲苯。

五、实验结果

在色谱图上测量各组分峰高 h、峰宽 W、峰面积 A，计算各组分的 m_i/m_s、A_s/A_i 和 f_i' 等值填入表 6-6 中。

表 6-6　实验结果统计

组分	h				W/min				A				m_i/m_s	A_s/A_i	f_i'
苯	1	2	3	均值	1	2	3	均值	1	2	3	均值			
甲苯															
乙苯															

使用热导检测器时，应先开载气 10～20min 后，再开电源。要注意不同型号色谱仪在不同载气、不同条件下的桥电流设置要求。关机时，应将桥电流设置到最小，先关电源，降温后再关载气。进样器应先用被测溶液洗干净（5～6 次），方可取样进样。

六、问题与讨论

1.在色谱分析中，为什么需要测定被测组分的相对质量校正因子？
2.热导检测器的相对质量校正因子能否适用于其他的气相色谱检测器？

实验八　气相色谱法测定烷烃类化合物（内标法）

一、实验目的

1.熟悉气相色谱仪的结构和仪器操作步骤。
2.掌握气相色谱中内标法的定量分析方法。

二、实验原理

在气相色谱分析中有三种定量分析方法，外标法、归一化法和内标法。其中归一化法需要所有组分都能离开色谱柱，在检测器上产生响应信号，另外还要知道样品中各组分的校正因子，才能准确定量；外标法虽然不需要知道组分的校正因子，但容易受分析条件的影响，使定量准确性下降；而内标法相比于上述两种定量分析方法，不需要知道校正因子，组分也不必全部出峰且在检测器中有响应，而且内标法不受分析条件影响，能够保证定量结果的准确性。

本实验采用内标法分析饱和烷烃类化合物（戊烷、正己烷），选择结构相近的辛烷为内标，可以消除理化性质差异对定量结果的影响。

三、仪器和试剂

1. 仪器

安捷伦 7890B 型气相色谱仪，配有自动进样器和 FID。色谱柱：5％ SE-30 毛细管柱（柱长 30m，柱内径 0.53mm，膜厚 0.25μm）。

2. 试剂

戊烷、正己烷、辛烷（分析纯）。

分别配制浓度为 0.5μg/mL、1.0μg/mL、2.0μg/mL、5.0μg/mL、10.0μg/mL 的戊烷和正己烷的混合标准工作溶液，向各标准工作溶液中定量加入辛烷，使其最终浓度皆为 2.0μg/mL。

样品溶液中也定量加入辛烷，使其在样品溶液中的最终浓度也为 2.0μg/mL。

四、实验步骤

1. 实验准备

首先连接色谱柱、进样器及检测器，检查气路气密性；然后打开载气的总压阀和减压阀，使其输出压力为 0.5MPa；打开氢气和空气发生器，使其输出压力稳定。

2. 开机

打开气相色谱仪主机电源开关，随后打开电脑，打开数据采集软件，待仪器稳定 5～10min 后，设定温度：进样口 130℃、检测器 140℃、色谱柱 60℃，等待基线稳定。

3. 样品分析

分别吸取 1.0μL 的标准工作溶液，在上述条件下进样分析，记录谱峰的保留时间和峰面积。在相同的条件下分析待测样品，记录样品中各谱峰的峰面积和保留时间。

4. 关机

降低色谱柱温度至室温；降低进样口、检测器温度至室温；将其他参数复原，当温度降至室温后，关闭采集软件、电脑和主机电源，最后关闭载气。

注意事项：

① 确保气路系统良好的密闭性。

② 在开机升温前先通载气，以免损坏色谱柱及检测器。

五、实验结果

1. 记录标准工作溶液中戊烷、正己烷和辛烷的保留时间和峰面积，计算各标准工作溶液中两物质与内标的峰面积之比，以峰面积之比为纵坐标，浓度为横坐标绘制标准曲线，给出标准曲线方程和相关系数，填入表 6-7。

表 6-7 实验测定结果

浓度/(μg/mL)		0.5	1.0	2.0	5.0	10.0
内标辛烷	t_r/min					
	峰面积 A_s					
戊烷	t_r/min					
	峰面积 A_1					
	A_1/A_s					
标准曲线方程					相关系数	
正己烷	t_r/min					
	峰面积 A_2					
	A_2/A_s					
标准曲线方程					相关系数	

2.依据保留时间判断样品中是否含有戊烷和正己烷。如确定含有,再根据两组分与内标的峰面积之比,代入各自的标准曲线方程,计算样品中两种组分的含量。

六、问题与讨论

1.在采用内标法定量分析时,内标应该如何选择?

2.如果内标物质与待测组分的谱峰有部分重叠,是否影响定量分析的准确性?

实验九　食品中有机氯类农药残留量的测定（色谱净化法）

一、实验目的

1.学习并掌握有机氯农药的气相色谱分析方法。

2.掌握有机氯农药的提取、净化等前处理方法及实验操作。

二、实验原理

2,4-D丁酯是常用的有机氯杀虫剂,该物质具有较强的脂溶性,化学性质相对稳定,可采用气相色谱法测定。由于其化学结构中含有氯原子,故可采用电子捕获检测器（ECD）进行检测,具有相对较高的检测灵敏度。

实验中用丙酮和石油醚提取样品中的2,4-D丁酯,经液-液萃取分配及色谱净化法除去基质成分和干扰物质,其净化液经过浓缩后,用配有电子捕获检测器的气相色谱仪测定,采用外标法定量。

三、仪器和试剂

1.仪器

安捷伦7890B型气相色谱仪（配有ECD）、10μL微量进样器、马弗炉、恒温干燥箱

（0~300℃）、超声波发生器、组织粉碎机、旋转蒸发仪、电子天平、称量瓶、不锈钢药匙、吸管、分液漏斗（250mL）、锥形瓶（150mL）、玻璃色谱柱。

2.试剂

分析纯的丙酮、沸程 60~90℃的石油醚、乙酸乙酯，蒸馏水，无水硫酸钠，2％硫酸钠溶液。氟罗里硅土（色谱用）：于 650℃灼烧 4h 后备用，冷却后放置在真空干燥箱内，用前 140℃烘 2h，趁热加 5％蒸馏水灭活。石油醚（农残级）：沸程 35~60℃。

2,4-D 丁酯标准物质（纯度＞98％），采用石油醚配制成浓度为 1mg/mL 的标准贮备液，然后用石油醚逐级稀释成标准工作溶液，浓度分别为 0.02μg/mL、0.05μg/mL、0.1μg/mL、0.5μg/mL、1.0μg/mL。

四、实验步骤

1.试样的制备

（1）粮食试样：经粉碎过 20 目筛，备用。

（2）水果、蔬菜试样：去掉非可食部分，洗净，晾去表面水分，用四分法取可食部分，匀浆，备用。

2.样品前处理

（1）样品提取：称取样品 10g（精确至 0.001g），用 30mL 石油醚：丙酮 1：1（体积比）作为提取液，在超声波中处理 20min，过滤。用少量石油醚清洗残渣，向残渣中再次加入石油醚：丙酮 30mL 提取 1 次，合并滤液置于分液漏斗中。加入 2％硫酸钠溶液 100mL，振摇；静置分层，收集有机相。再在水相中加入 20mL 石油醚，振摇，静置分层，收集有机相。合并有机相，脱水干燥后在 55℃的水浴中浓缩至近干，再用 2mL 石油醚定容，备用。

（2）样品净化

① 层析柱的制备：在玻璃柱中先加入 1cm 高无水硫酸钠，再加入 5g 5％水灭活的氟罗里硅土，最后加入 1cm 高无水硫酸钠，轻轻敲实，用 20mL 石油醚淋洗净化柱，弃去淋洗液，柱面要留有少量液体。

② 上样和洗脱：准确吸取提取液 1mL，加入已淋洗过的净化柱中，用 100mL 石油醚：乙酸乙酯 95：5（体积比）洗脱，收集洗脱液。

（3）样品浓缩：洗脱液用无水硫酸钠脱水，并收集于蒸馏烧瓶中，置于 45℃旋转蒸发仪上浓缩至近干，再用 1mL 石油醚定容，供气相色谱分析。

3.试剂空白试验

除不加试样外，按上述测定步骤进行。

4.方法回收率

在样品中加入一定量的 2,4-D 丁酯标准物质配制成添加样品，按照相同检测条件测定待测组分的峰面积，并计算添加样品中 2,4-D 丁酯的含量，计算出来的测定值与实际加入值之比即为回收率。

5.样品分析

（1）分析条件　检测器：ECD；色谱柱：DB-17（30m×530μm i.d.，膜厚 0.25μm）

石英毛细管柱；载气氮气：10mL/min；温度设置：色谱柱200℃（保持0.5min）→260℃（15min，升温速率4℃/min），进样口250℃，检测器280℃。

（2）样品测定 用微量注射器吸取有机氯标准溶液1μL，进样后测定，记录其保留时间及峰面积，绘制标准曲线。再吸取处理后的样品溶液1μL，分析后记录其保留时间及峰面积。

五、实验结果

1.根据标准溶液的峰面积，绘制标准曲线，给出标准曲线方程和相关系数，填入表6-8。

表6-8 实验测定结果

浓度/(μg/mL)		0.02	0.05	0.1	0.5	1.0
标准溶液	t_r/min					
	峰面积					
标准曲线方程					相关系数	

2.将样品中待测组分的保留时间，与标准物质的保留时间对照，确定样品中是否有2,4-D丁酯的残留。如果有残留，根据上述标准曲线方程，计算其残留浓度，然后计算待测组分的残留量，单位为mg/kg。

注：计算结果需扣除空白值，并保留两位有效数字。

样品中待测组分的残留量按下列公式计算：

$$x = \frac{A_i c V}{A_s m} n \tag{6-27}$$

式中，x为试样中有机氯农药的残留量，mg/kg；A_i为样液中有机氯农药的峰面积；A_s为标准工作溶液中有机氯农药的峰面积；c为标准工作溶液中有机氯农药的浓度，μg/mL；m为称取的试样量，g；V为样液最终定容体积，mL；n为分取倍数。

3.根据添加样品的峰面积，计算方法的回收率。

六、问题与讨论

1.在采用色谱法净化待测样品时，净化剂氟罗里硅土主要去除哪些干扰成分？
2.在本实验中为什么选择石油醚和丙酮的混合溶剂作为样品的提取溶剂？

第7章

液相色谱法

7.1 基本原理

以液体为流动相进行的色谱分析方法统称为液相色谱法，按其分离机理的不同主要可分为以下几种类型：液固吸附色谱法、液液分配色谱法、化学键合相色谱法、体积排阻色谱法、离子交换色谱法和离子色谱法等。

7.1.1 液固吸附色谱法

液固吸附色谱法是按照组分之间的吸附差异进行分离的色谱法，其流动相为有机溶剂，固定相为吸附剂。在分离时，吸附能力强的组分与固定相结合能力强，后离开色谱柱，而吸附能力弱的组分先离开色谱柱，形成差速迁移，先后到达检测器进行测定。其分离效率相对较低，目前主要用于分离异构体类的化合物。

7.1.2 液液分配色谱法

液液分配色谱法是液相色谱法中应用最广的分离方法，其流动相是液体，固定相是固定液，通常涂覆在载体上，形成固定相。液液分配色谱法主要是按照组分之间的分配系数差异进行分离的，分配系数大的组分在固定相中停留时间长，后离开色谱柱；而分配系数小的组分在固定相中停留时间短，先离开色谱柱。只要组分之间存在分配系数差异就可以实现分离。

但是液液分配色谱法固定液是涂覆在载体上的，当流动相流过色谱柱时，存在固定相流失的情况，从而影响组分的分离情况。因而，液液分配色谱法目前已被化学键合相色谱法取代。

7.1.3 化学键合相色谱法

化学键合相色谱法与液液分配色谱法的分离原理相同，都是按照组分之间的分配系数差异进行分离的。化学键合相色谱法按照其固定相和流动相的极性不同，又分为正相键合相色谱法和反相键合相色谱法。正相键合相色谱法是以极性键合相为固定相［见图 7-1（a）］，以非极性有机溶剂为流动相建立的色谱法，主要用于分离手性异构体、脂类及石油中烃类或醚类等化合物；反相键合相色谱法的固定相为非极性的烃类及苯基类化合物［图 7-1（b）］，极性和非极性化合物、小分子和大分子化合物、中性分子和离子都可以分离。

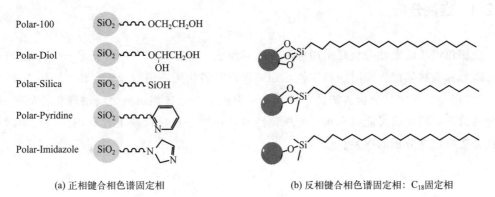

(a) 正相键合相色谱固定相　　　　(b) 反相键合相色谱固定相：C_{18}固定相

图 7-1　化学键合相固定相类型

7.1.4　体积排阻色谱法

体积排阻色谱法，又称为尺寸排阻色谱法，是一类相对较为特殊的色谱法，组分与固定相和流动相之间的相互作用力较弱。其按照组分的尺寸大小或形状不同进行分离，体积大的组分先离开色谱柱，体积小的组分后离开，分别到达检测器进行检测，体积排阻色谱法的分离机理最为简单，分离条件也最容易控制，主要应用于大分子的分级、生物大分子或者聚合物的分子量分布测定，测定时需要有准确分子量的标准物质作为对照，才能确定大分子的分子量。

7.1.5　离子交换色谱法

离子交换色谱法是利用不同待测离子对固定相亲和力的差别来实现分离的，可测定溶液中阳离子和阴离子，凡在溶液中能够电离的物质，通常都可用离子交换色谱法进行分离。它不仅适用于无机离子混合物的分离，也适用于氨基酸、核酸、蛋白质等这样的生物大分子。

在离子交换色谱法中，固定相通常是由离子交换基团来充当的，有阳离子和阴离子之分。阳离子交换键合相主要的官能团是磺酸基或羧基；阴离子交换键合相的官能团是季氨基或氨基。离子交换色谱法中的流动相大都是有一定离子强度的缓冲溶液，通过改变流动相中阳离子的种类、浓度和 pH 值来控制各成分的分配系数，从而可以改变其选择性。

7.2　分析方法

在液相色谱法中定性的依据也是保留值，定量是采用峰面积依据外标法或内标法定量分析，通常不采用归一化法定量分析。

7.2.1　定性分析

液相色谱法的定性分析是采用标准物质对照法，即在相同的分析条件下，将组分的保留时间与标准物质的保留时间相比较，如果保留时间相同，则初步确定其为同种物质，见图 7-2。但是这种定性分析方法误差较大，因为色谱法是按照组分之间的理化性质差异进行分离的，不同物质可能具有相同的理化性质，在同一根色谱柱上具有相同的保留时间，因此会造成定性分析的误差。

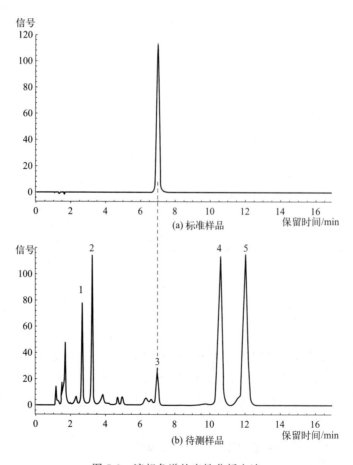

图 7-2　液相色谱的定性分析方法

在液相色谱法中，也可以通过标准加入法或更换极性不同色谱柱等方法，进一步确定待测组分与标准物质是否为同种物质。标准加入法是向待测组分的溶液中定量加入标准物质，然后在相同的色谱分离条件下测定，如果样品谱图中未出现多余谱峰，而待测组分的谱峰按比例提高，则可确定是同种物质，见图7-3。采用不同极性色谱柱的定性分析方法：如果标准物质与待测组分用两种不同极性的色谱柱分离后的保留时间都相同，则可确定是同种物质。

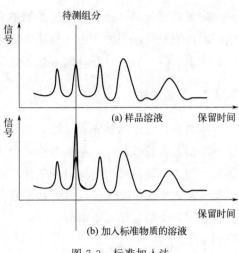

图7-3 标准加入法

7.2.2 定量分析

液相色谱法的定量分析通常采用外标法或内标法，在定量分析时，要求待测组分在样品中的含量应在线性范围内，否则采用标准曲线计算的待测组分的含量就会出现较大的偏差。如果样品中待测组分的浓度低于线性范围，需要对样品进行浓缩或富集，如采用旋转蒸发仪去除溶剂的浓缩法，提高样品中待测组分的含量；也可以采用固相萃取的方法进行样品中待测组分的富集，提高组分的检测浓度。如果样品溶液中待测组分的含量高于线性范围的最高浓度，则样品需要稀释，以保证定量结果的准确性。

在配制标准工作溶液时，要用色谱纯的溶剂逐级稀释，稀释倍数不要过大，以免稀释误差较大。测定时，也要按照标准工作溶液的浓度从低到高进行色谱分离，以免造成高浓度样品对后续分离的影响。

7.3 仪器结构与原理

液相色谱仪主要由输液系统、进样系统、分离系统、检测系统和数据处理系统几部分组成，见图7-4。其中分离系统需要控温，而如果采用示差折光检测器等需要温度稳定的检测器，检测器部分也要进行温度控制。液相色谱法需要在高压下完成分离，这也决定了液相色谱的色谱柱、检测器及进样系统等都与气相色谱法有很大的差异。

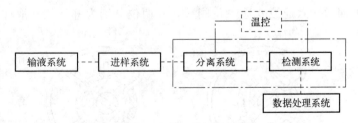

图7-4 液相色谱仪的结构

7.3.1 输液系统

由于液体流过粒径较小的固定相时所受压力较高，而为了保证样品组分能流过色谱柱，实现色谱分离，必须有高压系统推动样品组分在色谱分离系统内的运动，这就是液相色谱的输液系统起到的作用。输液系统主要由高压输液泵、压力传感器、单向阀、在线过滤器、混合器、输液管路及储液瓶等几部分组成。

7.3.1.1 储液瓶

流动相在使用前首先要过滤，在储液瓶的输液管路前端有在线过滤器，可除去流动相中不溶解的微粒或灰尘，避免这些成分进入液相系统后堵塞管路、进样阀、色谱柱或检测器。而为了去除流动相中溶解的气体，通常流动相在使用前要脱气，可采用超声脱气、氦气脱气及真空脱气等多种脱气方法。目前很多液相色谱仪有在线脱气系统，可实现在线的真空脱气，去除流动相中溶解的气体。

7.3.1.2 高压输液泵

高压输液泵是高效液相色谱（HPLC）最重要的部件之一，它的作用是将流动相在高压下连续送入色谱柱，使样品在色谱柱内完成分离过程。

（1）往复式柱塞泵　高效液相色谱仪上采用最广泛的是往复式柱塞泵，这种泵由电机带动凸轮驱动柱塞在泵腔内往复运动，经一对环形单向阀控制，每个冲程推动少量流动相进入色谱柱；在反冲程时，球形单向阀控制柱塞将液体自贮液槽再吸入泵腔。可通过柱塞往复频率控制流量。

（2）溶剂比例阀　在液相色谱分离时，采用单一溶剂一般不能获得较好的分离效果，通常采用二元以上的混合溶剂调节组分之间的分离度。混合溶剂需要在线混合，因此，输液系统中有在线比例阀，用来实现多元溶剂的混合。比例阀要求溶剂的混合效果能够重复，体积不宜过大，避免出现滞后情况。

7.3.2 进样系统

进样系统是把分析样品有效地送入色谱柱上进行分离。与气相色谱法的低压进样不同，液相色谱法需在高压下进样，通常采用阀进样的方式。在液相色谱中常用的进样阀为多通二位阀，如四通、六通或八通二位阀等，其两位分别为进样位和取样位，见图7-5。

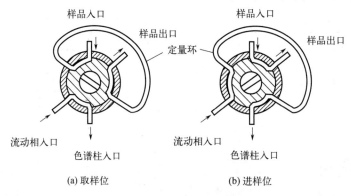

图7-5　高压阀的进样流程

当高压阀处于取样位时，样品通过微量注射器引入定量环内储存；当阀切换时，阀转换到进样位，流动相与定量环的流路相连通，流动相将定量环内储存的样品引入色谱柱内进行分离。

高压进样阀主要由两部分组成：转子和定子。图 7-5 中显示了转子的位置切换，转子中两个流路之间有凹槽，可实现管路的连通。因此，不只是流动相需要过滤，样品溶液在进样前也要过滤。这样可避免其中的颗粒物堵塞进样阀的流路或转子的凹槽，在阀切换时磨损转子，使转子上的凹槽之间连通，造成漏液。

7.3.3 分离系统

分离系统主要由色谱柱和柱温箱组成，其中色谱柱由柱管和固定相构成，是液相色谱的核心部件。高效液相色谱的柱管多用不锈钢制成，除要求耐高压外，还要求管内壁有很高的光洁度。常用分析柱内径为 $2\sim6mm$，长度为 $15\sim25cm$。

液相色谱的色谱柱需要在高压下进行分离，因此，液相色谱柱的装填比气相色谱柱要求严格得多。常采用的是匀浆填充法，适用于颗粒直径小于 $20\mu m$ 的固定相。目前高效液相色谱法常用的固定相是化学键合相固定相，不同基质微粒及其所键合的化学基团的不同，决定了固定相的用途和分离机理的不同。

7.3.4 检测系统

在液相色谱法中，检测器分为通用型和选择型两类。通用型检测器对所有物质都有响应，检测的是待测组分与流动相之间某种物理性质的差异；而选择型检测器只对待测组分有响应，对流动相或其他干扰物质无响应，所以检测的灵敏度和选择性远高于通用型检测器。

目前液相色谱法中常用的通用型检测器为：示差折光检测器、电导检测器、蒸发光散射检测器和质谱检测器；选择型检测器主要包括紫外-可见光检测器、光电二极管阵列检测器和荧光检测器等。

7.3.4.1 示差折光检测器

示差折光检测器主要由参比池和样品池两部分组成，利用溶有试样的流动相和纯流动相之间的折射率之差，测定试样在流动相中的浓度。折光指数是物质特有的物理参数，物质不同，其折光指数也有差异，因此，大部分物质可采用这种检测器进行检测。示差折光检测器的优点是应用面广、灵敏度适当；它的主要缺点是对温度和流速变化敏感、不宜作痕量分析和梯度淋洗。示差折光检测器可用于分析单糖、淀粉、脂肪酸及脂类等物质，但与其他检测器相比，灵敏度较低。

示差折光检测器按其工作原理可以分成偏转式和反射式两种类型，反射式检测器结构见图 7-6。

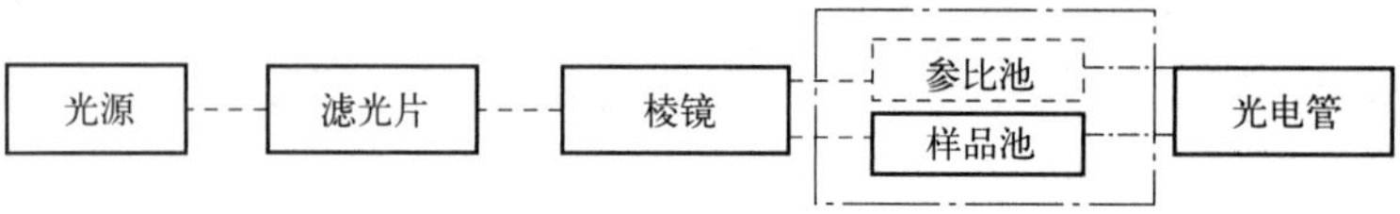

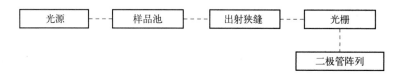

图 7-6 反射式示差折光检测器的结构

7.3.4.2 紫外-可见光检测器

紫外-可见光检测器是液相色谱法中最常用的检测器,应用范围广,灵敏度适当。紫外-可见光检测器的结构、原理与一般紫外-可见分光光度计相同,区别仅在于将比色池改为样品流通池。与示差折光检测器相比,紫外-可见光检测器的灵敏度更高,而且对温度和流动相组成的变化并不敏感,所以可以用于梯度洗脱。该类检测器的缺点是只适用于检测能吸收紫外光或可见光的物质,因此,流动相的选择受到限制,要求流动相在测定波长下没有吸收。

7.3.4.3 光电二极管阵列检测器

光电二极管阵列检测器(PDA)是一种新型的紫外-可见光吸收检测器,可同时进行吸光度、时间和波长的三维检测,通过计算机处理画出三维立体山峰形状的图形。光电二极管阵列检测器的结构如图 7-7 所示。

```
光源 ---- 样品池 ---- 出射狭缝 ---- 光栅
                                      |
                                  二极管阵列
```

图 7-7 光电二极管阵列检测器的结构

7.3.4.4 荧光检测器

荧光检测器主要由光源、激发单色器、样品池、发射单色器、检测器和数据处理仪器控制系统组成,见图 7-8。荧光检测器是一种灵敏度和选择性极高的检测器,在农业等生命科学研究中有重要应用。但同时所受干扰因素也较多,对溶剂纯度、pH 值、检测温度、实验材料和器皿均有较高要求。

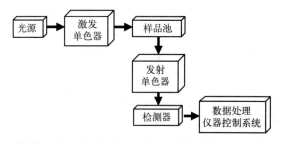

图 7-8 荧光检测器的结构

7.3.4.5 蒸发光散射检测器

蒸发光散射检测器（ELSD）也属于通用型检测器，其结构见图7-9。检测原理是将色谱柱的洗脱液首先雾化形成气溶胶，然后在加热的漂移管中将溶剂蒸发，随后残余的不挥发性溶质颗粒在光散射检测池中得到检测。

ELSD的优点在于能检测不含发色团的化合物，即不能采用紫外-可见光检测器或荧光检测器测定的化合物，如糖类、脂类、聚合物、未衍生脂肪酸和氨基酸、表面活性剂、药物等。

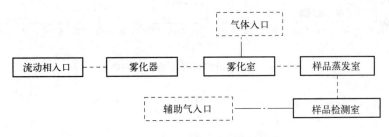

图 7-9　蒸发光散射检测器的结构

7.3.5　超高压液相色谱

超高压液相色谱（UPLC）是一种采用小粒径色谱柱填料和超高压系统的新型液相色谱技术，填料的粒径一般小于 $2\mu m$，系统能够承受大于 100MPa 的压力。这种色谱技术可显著改善色谱的分离度和检测灵敏度，同时大大缩短分析周期，特别适用于微量复杂混合物的分离和高通量研究。

7.3.5.1 固定相的粒径发展

液相色谱固定相填料颗粒粒径的演变导致了 UPLC 的出现，20 世纪 70 年代早期主要采用粒径 $40\mu m$ 的薄壳非多孔基质涂布固定液，柱效较低，只有 1000 塔板数/m。由于固定相粒径大，柱压低，在 $100\sim500$psi（$689.48\sim3447.38$kPa），因而可用相对较长的色谱柱（最长可达 1m）。随着色谱技术的快速发展，固定相粒径逐渐减小，目前固定相的粒径为 $1.5\sim5.0\mu m$，同样规格的色谱柱柱压上升到 $1000\sim4000$psi（$6.89\sim27.58$MPa），但柱效也得到了显著提高，达到 5 万～8 万塔板数/m。

在原理上，UPLC 保持了传统 HPLC 的基本原理，但其分离效能和分析速度却得到了全面提升，这归功于其独特的小颗粒色谱填料技术。在液相色谱法的速率理论当中，范第姆特方程可以简化为板高 H 由 A、B、C 和 μ 等参数决定，在相同线速度下，填料粒径越小，理论塔板高度越小，柱效越高。所以使用小颗粒填料，对于提高柱效、改善分离效果方面有非常好的作用。而且塔板高度没有明显的增大，维持在一定范围内，因此可以通过增加流量来加快分离速度，同时维持较高的柱效和良好的分离效果，见图 7-10。

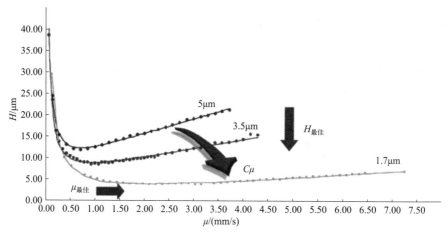

图 7-10 固定相粒径对塔板高度的影响

7.3.5.2 UPLC 的特点

表 7-1 比较了柱长为 15cm 的不同年代不同粒径固定相的柱效。其中 2004 年出现的 1.7μm 固定相的柱效最高，达到 30000 塔板数/m。表中也反映了柱效与固定相粒径之间的关系，柱效随固定相粒径降低而增大。因而，与其他液相色谱固定相比较，UPLC 具有以下几个特点：①填料的粒径小，压力大；②检测灵敏度高，线性好，比如采用 UPLC 串联质谱方法分析大鼠血浆当中的混合药物时，灵敏度能够提高 5～10 倍。

表 7-1 液相色谱固定相粒径的发展历程

年代	固定相粒径/μm	理论塔板数/m
19 世纪 50 年代	100	200
1967	50	1000
1972	10	6000
1985	5	12000
1992	3～3.5	22000
1996	1.5	30000
2000	2.5	25000
2004	1.7	30000

7.4 实验内容

实验一 液相色谱法测定苯乙酮含量

一、实验目的

1. 掌握液相色谱仪的操作方法及步骤。
2. 熟悉液相色谱分析的参数设置及分离原理。

二、实验原理

在液相色谱中，采用外标法定量分析由于受分析条件，如进样量、柱温、柱压波动等影响，定量误差较大，所以可采用内标法定量分析，从而消除分析条件波动对定量分析的影响。即以一纯的标准物质（m_s）作内标物，定量加入准确称取的试样（m）中，混匀后进样分析。如果固定试样的称取量，加入恒定量的内标物，则待测物含量为：

$$x_i = \frac{m_i}{m} = \frac{A_i f_i m_s}{A_s f_s m} \times 100\% \tag{7-1}$$

式中，A_i 为待测苯乙酮的峰面积；A_s 为内标苯甲醇的峰面积；f_i 为待测苯乙酮的校正因子；f_s 为内标苯甲醇的校正因子；m_s 为内标的称取量；m 为样品称取量。通过上述公式可求出样品中苯乙酮的含量。

三、仪器和试剂

1. 仪器

Agilent 1290 超高压液相色谱仪，配有自动进样器和 PDA（检测波长：190～700nm）。电子天平、移液管或移液枪。

2. 试剂

纯净水、色谱纯甲醇、1.0μmol/L 苯乙酮、10.0μmol/L 苯甲醇（内标）、待测苯乙酮溶液。

四、实验步骤

1. 确定分析条件

为获得待测组分与内标物间的满意分离度，需优化色谱分析条件，如调节流动相中甲醇和水的比例，记录不同组分的保留时间。

优化后，分析条件如下，色谱柱：C$_{18}$ 色谱柱（50mm×2.1mm i.d.，1.7μm）；流动相：甲醇和水 70：30（体积比），流速：0.3mL/min；柱温：30℃；检测波长：254nm；进样量：5μL。

2. 标准溶液测定

在上述优化分析条件下，先后测定苯乙酮和苯甲醇的标准溶液，记录保留时间和峰面积（A）值，计算两物质的校正因子。

3. 样品测定

在同样分析条件下，对未知样品进行进样分析（未知样品中内标含量也为 10μmol/L），记录各组分的峰面积，计算 A_i/A_s 值，代入公式中，计算待测溶液中苯乙酮的含量。

五、实验结果

1. 内标法定量分析：根据标准物质的保留时间，确定待测溶液中的各谱峰为何物质。将数据填入表 7-2。

表 7-2   实验测定结果

样品	保留时间/min	峰面积
标准品苯乙酮（1μmol/L）		
内标苯甲醇（10μmol/L）		
待测样品中的 1# 峰		
待测样品中的 2# 峰		

2.定量分析后，计算待测溶液中 A_i/A_s 值，求得样品中苯乙酮的含量。

六、问题与讨论

1.采用 PDA 测定待测组分时，检测波长如何设置？

2.试阐述采用内标法进行定量分析的优点。

实验二   高效液相色谱法测定食品中嘧霉胺的残留量

一、实验目的

1.掌握农药残留分析实验的一般步骤。

2.掌握确定实验方法的回收率、灵敏度和精密度的方法。

二、实验原理

嘧霉胺为白色结晶，易溶于有机溶剂，微溶于水，是常用的杀菌剂，属于苯胺基嘧啶类化合物，主要用于防治黄瓜或番茄的灰霉病及枯萎病等病害。

由于嘧霉胺极性相对较弱，故可采用液相色谱法测定食品中的嘧霉胺残留。首先采用丙酮作为提取溶剂，从样品中将嘧霉胺提取出来，再用饱和氯化钠水溶液和二氯甲烷进行液液萃取净化，通过萃取除去其中的基质和杂质成分；净化液再通过减压浓缩后，用甲醇溶解定容，随后采用 HPLC（配备紫外-可见检测器）进行测定。通过与标准物质对照，采用保留时间定性；采用外标法定量，确定样品中嘧霉胺的残留量。

三、仪器和试剂

1.仪器

高效液相色谱仪、旋转蒸发仪、调速式高速分散器、电子天平、不锈钢药匙、称量纸或称量瓶、移液管或移液枪、容量瓶、玻璃色谱柱、锥形瓶、烧杯。

2.试剂

分析纯的丙酮、二氯甲烷、氯化钠和无水硫酸钠。色谱纯甲醇和纯净水为液相色谱的流动相。嘧霉胺标准物质纯度＞98.5%，其化学结构见图 7-11。

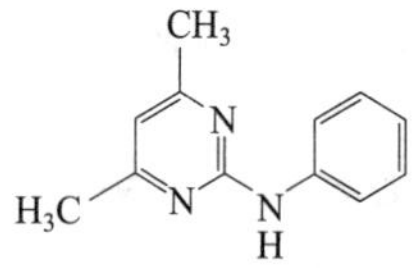

图 7-11   嘧霉胺的
化学结构

四、实验步骤

1.样品处理

称取 20g 捣碎的样品，加丙酮 50mL，用高速分散器匀浆 2min 后真空抽滤，收集滤液，加饱和氯化钠水溶液 20mL，摇匀后静置分层，收集丙酮相。水相分别用 50mL、25mL 和 25mL 二氯甲烷萃取 3 次。合并二氯甲烷和丙酮液，过无水硫酸钠柱干燥后，于 45℃下减压浓缩至干。然后用甲醇分次洗涤残余物至带刻度试管内，并准确定容至 5mL，过 0.45μm 的微孔滤膜后即可进行液相色谱测定。用外标法进行定性和定量分析。

2.色谱条件

固定相：C_{18} 色谱柱（250mm×4.6mm i.d.，3.5μm）；流动相：甲醇：水＝80：20（体积比），流速 1.0mL/min；检测器：可变波长检测器，检测波长 268nm；柱温：室温；进样量：10μL。

3.方法评价

取洗净切碎的样品数份，分别按 0.294mg/kg、0.588mg/kg 和 1.175mg/kg 3 个不同浓度添加嘧霉胺标准样品，制得添加样品，每个添加浓度重复 3 次，按样品处理方法进行添加样品的提取、净化和检测。

4.灵敏度的测定

分别对不同浓度嘧霉胺标准溶液进行液相色谱测定，以峰面积对嘧霉胺浓度作线性回归分析，确定标准曲线方程和相关系数。

五、实验结果

1.以嘧霉胺标准溶液的浓度为横坐标，峰面积为纵坐标，绘制标准曲线，给出标准曲线方程和相关系数。

2.根据标准曲线，计算添加样品中嘧霉胺的浓度；根据添加浓度，计算 3 个添加浓度的平均回收率，结果保留小数点后一位有效数字。

3.根据标准溶液的响应值，计算方法的灵敏度，以检测限表示（信噪比 $S/N＝3$）。

六、问题与讨论

1.为什么要测定添加回收率？如何计算？

2.确定方法灵敏度能够说明什么问题？它和农药残留限量有什么区别？

实验三　甜玉米中可溶性糖的测定（示差折光检测器）

一、实验目的

1.掌握用高效液相色谱法定性和定量分析样品中可溶性糖的方法。

2.熟悉和掌握示差折光检测器的工作原理和结构。

二、实验原理

甜玉米中的可溶性糖可用一定浓度的乙醇提取出来，经净化除去糖提取液中的干扰组分后，注入高效液相色谱进行分离。

高效液相色谱法分离测定可溶性糖时，一般采用氨基键合相色谱柱分离，以80％的乙腈和水混合溶液为流动相，属于反相分配色谱法。可溶性糖由于没有生色团，不能采用紫外-可见光检测器测定，因此需要选择通用型检测器，本实验采用示差折光检测器测定。可溶性糖混合液在HPLC中被分离成单一组分，按其分子量由小到大的顺序依次流出色谱柱，经示差折光检测器检测各糖与流动相的折射率之差，通过与标准物质的保留时间对照进行定性分析，采用外标法进行定量分析。

三、仪器和试剂

1. 仪器

高效液相色谱仪（配有示差折光检测器）、超声波发生器、电子天平、称量瓶、容量瓶、移液管或移液枪、蒸发皿、恒温水浴锅、组织粉碎机、0.45μm滤膜等。

2. 试剂

去离子水、纯净水、乙腈（色谱纯）、乙醇（分析纯）等；果糖、葡萄糖、蔗糖的标准物质（纯度＞98％），配制成不同浓度的标准工作溶液。

四、实验步骤

1. 标准溶液的配制

称取果糖、葡萄糖、蔗糖各100mg，分别溶于100mL容量瓶中，用水定容，得1000μg/mL母液，再根据样品中可溶性糖的含量稀释至适当浓度，作为标准工作溶液。

2. 样品处理

称取0.5～1g粉碎样品置于25mL容量瓶中，加入80％乙醇水溶液约20mL，将容量瓶置于80℃水浴中加热提取半小时。冷却后，用80％乙醇定容，取上清液10mL于蒸发皿中，在60℃下蒸干。再加10mL去离子水溶解，用0.45μm滤膜过滤，取滤液用于高效液相色谱分析。

3. 色谱条件

固定相：氨基键合相色谱柱，150mm×4.6mm i.d.，5μm；流动相：乙腈：水＝80：20（体积比），流速1.0mL/min；示差折光检测器；柱温：室温；进样量：5μL。

4. 样品分析

（1）定性分析：用微量进样器分别吸取果糖、葡萄糖、蔗糖标准溶液各5μL，分别进样后在图谱上读取其保留时间；再吸取待分析的样品溶液5μL，进样，与已知各糖保留时间比较得出定性结果。

（2）定量分析：分别注入各糖标准溶液，画出标准曲线，利用标准曲线法求出样品中可溶性糖的含量。

注意事项：

① 使用示差折光检测器时，对于流动相的流速要求较高，所以为了避免流速波动，必须将乙腈和水配好后使用。

② 示差折光检测器比较敏感，所以需要反复进行仪器调平，流动相消耗较大。

五、实验结果

1.将果糖、葡萄糖、蔗糖标准溶液的保留时间，与待测样品中各组分的保留时间进行对照，确定实际样品中是否含有果糖、葡萄糖、蔗糖等组分。

2.根据果糖、葡萄糖、蔗糖的标准工作溶液的峰面积和浓度，绘制各组分的标准曲线，给出标准曲线方程和相关系数，填入表7-3。

表7-3　液相色谱法测定单糖组分的实验结果

浓度/(μg/mL)		5	10	20	50	100
果糖	t_r/min					
	峰面积					
标准曲线方程					相关系数	
葡萄糖	t_r/min					
	峰面积					
标准曲线方程					相关系数	
蔗糖	t_r/min					
	峰面积					
标准曲线方程					相关系数	

3.如果确定实际样品中含有果糖、葡萄糖、蔗糖，根据标准曲线，计算各自的含量。可溶性糖的含量按下式计算，单位为 mg/kg。

$$x = \frac{cV}{m} \tag{7-2}$$

式中，x 为样品含量，mg/kg；c 为从标准曲线计算的可溶性糖的浓度，μg/mL；V 为定容体积，25mL；m 为称样量，g。

六、问题与讨论

1.本实验采用示差折光检测器测定可溶性糖，在液相色谱法中还有哪种检测器可测定单糖？

2.在测定单糖时，采集的色谱图上有时会出现负峰，请解释原因。

实验四　高效液相色谱法测定山梨酸含量（内标法）

一、实验目的

1. 掌握高效液相色谱仪的基本操作方法。
2. 掌握高效液相色谱的定性分析方法。
3. 掌握液相色谱中内标法定量分析的实验操作和原理。

二、实验原理

山梨酸是常见的防腐剂，可用于食品保存。山梨酸属于极性相对较强的有机物，在反相键合相色谱法中的保留值相对较小，因而需采用缓冲溶液抑制其在分离时电离，增加其保留值。

未知样品过滤后注入反相色谱体系中，用甲醇-乙酸铵混合溶剂为流动相，山梨酸在两相中经过反复的分配平衡，与杂质等干扰成分分离，经紫外-可见光检测器测定响应强度。与山梨酸标样的保留时间进行对照后定性，采用内标法进行定量。

内标物选择苯甲酸，苯甲酸也是常用的食品防腐剂。将苯甲酸与山梨酸标准品混合后配制一系列标准溶液，在相同色谱条件下进行分析。以山梨酸与苯甲酸的峰面积之比为纵坐标，山梨酸标准溶液的浓度为横坐标，绘制标准曲线。在相同条件下，测定未知样品，计算其与内标的峰面积之比，根据标准曲线计算出未知样品中山梨酸相应的浓度。

三、仪器和试剂

1. 仪器

Waters 240 型高效液相色谱仪、C_{18} 色谱柱（200mm×4.6mm i. d. ，5μm）、超声波发生器、电子天平、称量纸或称量瓶、不锈钢药匙、移液管或移液枪、0.45μm 滤膜。

2. 试剂

色谱纯甲醇、纯净水；分析纯乙酸铵；苯甲酸、山梨酸标准物质（均为分析纯）。

标准溶液配制：分别称取苯甲酸、山梨酸 100mg，用水稀释至 100mL。使用时再用水配制成山梨酸浓度分别为 5μg/mL、10μg/mL、20μg/mL、50μg/mL、100μg/mL 的标准溶液，向每个标准溶液中都定量地加入内标物苯甲酸，使其最终浓度皆为 20μg/mL。

未知样品：待测样品经前处理后，获得待测溶液，向待测溶液中加入苯甲酸内标，使其最终浓度也为 20μg/mL。

四、实验步骤

1. 色谱条件

色谱柱：C_{18} 色谱柱，200mm×4.6mm i. d. ，5μm；流动相：甲醇-0.02mol/L 乙酸铵混合溶液（10∶90，体积比），经 0.45μm 滤膜过滤，脱气后使用，流速 1mL/min；检测器：紫外-可见光检测器，λ＝230nm；进样量：5μL；色谱柱温度：室温。

2. 流动相的处理

以甲醇-0.02mol/L 乙酸铵混合溶液（10∶90，体积比）为流动相，利用超滤装置使甲醇过有机相滤膜、水过水相滤膜（0.45μm），将混合好的流动相在超声波发生器中脱气，排出流动相中溶解的气体。

3. 连接流路

将准备好的流动相放入贮液瓶中，并通过管路与高压泵相连，将 C_{18} 色谱柱连接在管路中。检查流路，排气，开机，平衡，待基线稳定后进样分析。

4. 定性分析

在上述色谱条件下，分别注入山梨酸和苯甲酸的单标，记录它们的保留时间。

5. 定量分析

在上述色谱条件下，分别注入 5μg/mL、10μg/mL、20μg/mL、50μg/mL、100μg/mL 的标准溶液，记录山梨酸和苯甲酸的峰面积。以山梨酸与苯甲酸的峰面积之比为纵坐标，山梨酸标准溶液的浓度为横坐标，绘制标准曲线。

6. 样品测定

在相同色谱条件下分析未知样品，记录其保留时间及相应的峰面积之比，根据标准曲线，计算未知样品中山梨酸的含量。

五、实验结果

1. 将标准溶液中苯甲酸和山梨酸的保留时间，与待测样品中各组分的保留时间进行对照，确定实际样品中是否含有山梨酸待测组分。

2. 根据苯甲酸和山梨酸标准工作溶液的峰面积，计算两组分的峰面积之比，绘制标准曲线，给出标准曲线方程和相关系数，填入表 7-4。如果确定实际样品中含有山梨酸，根据标准曲线计算其含量。

表 7-4　防腐剂的测定结果

浓度/(μg/mL)		5	10	20	50	100
苯甲酸	t_r/min					
	峰面积					
山梨酸	t_r/min					
	峰面积					
峰面积之比(山梨酸∶苯甲酸)						
标准曲线方程					相关系数	

六、问题与讨论

1. 采用内标法进行定量分析有什么优点？

2. 在本实验中如将流动相中的甲醇含量提高？对两峰的分离度有何影响？

实验五　水果中吡虫啉残留量的测定（紫外-可见光检测器）

一、实验目的

1. 熟悉农药残留的样品制备方法。
2. 掌握农药残留的高效液相色谱测定方法和实验步骤。

二、实验原理

吡虫啉属于新烟碱类杀虫剂，应用较广，吡虫啉残留会对环境安全及食品安全造成显著影响，因此建立其残留分析方法，可解决实际生产需求。

实际样品中的吡虫啉用甲醇提取，提取液经氯化钠水溶液盐析，然后采用液液萃取法净化，净化液用配备紫外-可见光检测器的高效液相色谱仪测定。根据保留时间定性，外标法定量。

三、仪器和试剂

1. 仪器

Agilent 1260 高效液相色谱仪，配有紫外检测器、自动进样器、四元梯度泵、柱温箱、在线脱气机。电子天平、称量纸或称量瓶、不锈钢药匙、马弗炉、恒温干燥箱、真空干燥器、锥形瓶、烧杯、分液漏斗、涡旋振荡器、旋转蒸发仪、组织捣碎机、容量瓶、移液管或移液枪、鸡心瓶（实验室自行设计、定做，40mL）、0.45μm 滤膜。

2. 试剂

分析纯的甲醇、氯化钠、沸程 60～90℃的石油醚、二氯甲烷，纯净水，色谱纯的甲醇。

5%氯化钠水溶液：称取 25g 氯化钠于 500mL 容量瓶中，用纯净水定容。无水硫酸钠：在马弗炉中 650℃烘焙 4h，冷却后放置在真空干燥器中，用前再 120℃烘 3～4h。

吡虫啉标准物质（纯度>98%），先配制成吡虫啉标准贮备液（1000mg/L），然后将吡虫啉标准贮备液以甲醇为溶剂逐级稀释定容，分别配制浓度为 0.1μg/mL、0.2μg/mL、0.5μg/mL、1.0μg/mL、10.0μg/mL 的吡虫啉标准工作溶液。

四、实验步骤

1. 样品处理

准确称取样品 4g，置于 250mL 锥形瓶中，加 15mL 甲醇超声 10min，再用 15mL 甲醇重复提取一次。将提取液转至鸡心瓶中，50℃下浓缩至近干，加 5%氯化钠水溶液及石油醚各 5mL 溶解，振荡分取水相备用（下层）。用 15mL 二氯甲烷对水层分三次萃取，收集二氯甲烷层，用无水硫酸钠干燥后转至鸡心瓶中，50℃浓缩至近干，用 1mL 色谱纯甲醇定容，过 0.45μm 滤膜，以备上机测定。

2. 色谱条件

流动相：纯净水：甲醇＝60：40（体积比），流速 1.0mL/min；色谱柱：C$_{18}$，

250mm×4.6mm i.d.，5μm，柱温 25℃；检测器：紫外-可见光检测器，检测波长270nm；进样量：20μL。

3. 测定

分别吸取 20μL 吡虫啉标准工作液和样品溶液，注入液相色谱仪，记录组分的保留时间和峰面积。以保留时间定性，并根据标准工作溶液的峰面积，绘制标准曲线，以外标法定量。

4. 空白试验

除不加试样外，按上述测定步骤进行。

五、实验结果

1. 将吡虫啉标准工作溶液的保留时间，与待测样品中各组分的保留时间进行对照，确定实际样品中是否含有吡虫啉残留。

2. 根据吡虫啉标准工作溶液的峰面积，绘制其标准曲线，给出标准曲线方程和相关系数，填入表 7-5。

表 7-5　吡虫啉测定结果

浓度/(μg/mL)		0.1	0.2	0.5	1.0	10.0
吡虫啉	t_r/min					
	峰面积					
标准曲线方程					相关系数	

3. 如果确定样品中含有吡虫啉，根据标准曲线计算其残留浓度，然后计算在样品中的残留量，用质量分数（x）计，单位以毫克每千克（mg/kg）表示。按以下公式计算：

$$x = \frac{cV_1V_3}{V_2 m} \qquad (7-3)$$

式中，x 为水果中吡虫啉（质量分数计）含量，mg/kg；c 为根据标准曲线计算的含量，μg/mL；V_1 为提取液体积，mL；V_2 为分取体积，mL；V_3 为定容体积，mL；m 为称样量，g。

六、问题与讨论

1. 在净化过程中加入氯化钠起什么作用？

2. 在本实验中采用两次液液萃取净化，其中第一步加入石油醚萃取的目的是什么？

实验六　环境激素类化合物双酚 A 的测定（荧光检测器）

一、实验目的

1. 掌握环境激素类化合物的测定方法及步骤。

2. 掌握液相色谱（配有荧光检测器）的仪器结构及操作原理。

二、实验原理

双酚 A 是塑料工业生产中广泛使用的化工原料，目前已证实该类化合物是环境激素类化合物，由于其难降解及在生物体内的累积作用，已成为危害人类健康及环境安全的重要污染物之一。

采用反相色谱-荧光法对食品中的双酚 A 残留进行测定，先用乙腈提取待测样品中的目标组分，再用 C_{18} 固相萃取柱净化提取样品，去除基质和杂质成分的干扰，从而对目标组分实现准确的定性和定量分析。待测样品中的双酚 A 在液相色谱进样后，进入反相色谱柱（C_{18}）中进行分离，由于组分在两相间的分配系数不同，基质、杂质成分及目标组分得到分离，然后依次进入荧光检测器。与双酚 A 标准品比较，根据色谱峰的保留时间对待测组分进行定性分析，根据组分的峰面积进行定量分析。

三、仪器和试剂

1. 仪器

Agilent 1200 液相色谱仪（配有自动进样器和荧光检测器）、迪马 C_{18} 色谱柱（150mm×4.6mm i.d.，3.5μm）、1.5mL 进样瓶、0.45μm 有机过滤膜、涡旋混合仪、医用数控超声波清洗器、低速离心机、旋转蒸发仪、鸡心瓶、电子天平、称量纸或称量瓶、不锈钢药匙、离心管、容量瓶、移液管或移液枪。

2. 试剂

色谱纯的甲醇和乙腈、纯净水、双酚 A 标准物质（纯度≥98%），分析纯的乙腈和甲酸，牛奶样品。

双酚 A 标准溶液配制：精密称取双酚 A 标准品 0.1g，置于 100mL 容量瓶中，用甲醇定容得到浓度为 1.0mg/mL 的标准贮备液。分析前用流动相稀释，配制成一系列不同浓度的标准工作溶液，浓度分别为 0.1μg/mL、0.5μg/mL、1.0μg/mL、2.0μg/mL、10μg/mL。

四、实验步骤

1. 样品制备

（1）样品提取：准确称取 2.0g 牛奶于 60mL 离心管中，加入 20mL 乙腈、1.0g 氯化钠，涡旋混匀 1min，超声提取 20min，然后在 4000r/min 离心 10min。移取 10mL 上清液于鸡心瓶中，在 45℃下水浴蒸至近干，然后用 5mL 甲醇-水（20∶80，体积比）溶解，待净化。

（2）样品净化：C_{18} 固相萃取柱（固定相质量 500mg，体积 6mL），首先依次用 10mL 甲醇、10mL 水活化，然后将提取液上固相萃取柱，控制上样速度，使提取液缓慢流出，流出液弃去。再用 6mL 水淋洗，弃去淋洗液。最后用 6mL 二氯甲烷-甲醇（50∶50，体积比）洗脱，收集洗脱液于鸡心瓶中，在 40℃下水浴蒸至近干，然后用 1.0mL 甲醇溶解，过 0.45μm 滤膜，待色谱分析。

2.色谱条件

色谱柱：C$_{18}$柱（150mm×2.1mm i.d.，3.5μm）；流动相：乙腈和0.2％甲酸水溶液（40∶60，体积比），流速0.2mL/min；荧光检测器：λ$_{ex}$（激发波长）＝227nm，λ$_{em}$（发射波长）＝313nm；柱温：25℃；进样量：5μL。

3.样品测定

（1）在上述色谱条件下，将不同浓度的双酚A标准工作溶液进样分析，记录保留时间和峰面积。以峰面积为纵坐标，浓度为横坐标，作标准曲线，记录标准曲线方程及相关系数。

（2）在上述色谱条件下，进行样品溶液的测定，记录色谱峰的保留时间及峰面积，与标准溶液比较，确定样品中是否存在双酚A残留。

五、实验结果

1.将双酚A标准工作溶液的保留时间，与待测样品中各组分的保留时间进行对照，确定实际样品中是否含有双酚A残留。

2.根据双酚A标准工作溶液的峰面积，绘制其标准曲线，给出标准曲线方程和相关系数，填入表7-6。

表7-6 双酚A的实验测定结果

浓度/(μg/mL)		0.1	0.5	1.0	2.0	10
双酚A	t$_r$/min					
	峰面积					
标准曲线方程					相关系数	

3.如果确定样品中含有双酚A，根据标准曲线计算其残留浓度，然后计算在样品中的残留量，用质量分数（x）计，单位以毫克每千克（mg/kg）表示。按以下公式计算：

$$x = \frac{cV_1 n}{m} \tag{7-4}$$

式中，x为样品中双酚A（质量分数计）含量，mg/kg；c为根据标准曲线计算的含量，μg/mL；V$_1$为定容体积，mL；n为分取倍数，n＝2；m为称样量，g。

六、问题与讨论

1.在样品提取过程中，将提取液水浴蒸发至近干的目的是什么？
2.在样品净化过程中，上样后用6mL水淋洗的作用是什么？

实验七　果汁中有机酸的测定

一、实验目的

1.掌握有机酸类化合物的测定方法及步骤。
2.掌握离子对反相色谱法的分离原理和实验方法。

二、实验原理

有机酸是果汁类饮料中常见的营养成分，如酒石酸、苹果酸（左旋和右旋手性异构体）、柠檬酸、醋酸和乳酸等。但这类化合物含有羧酸结构，在水中可电离形成离子（pH大于其 pK_a），而离子型化合物在反相键合相色谱法中是没有保留的化合物，在死时间即出峰，与流动相的移动速度是一样的。因此，无法采用水和有机溶剂组成的流动相，在非极性色谱柱中进行分离。可在流动相中加入缓冲溶液（即离子对试剂），抑制有机酸的电离，从而能够采用反相色谱法分离上述化合物。

采用反相色谱-紫外光谱法对果汁中的上述有机酸进行测定，试样直接用水稀释或提取后，经强阴离子固相萃取柱净化，去除基质和杂质成分的干扰，然后采用反相色谱柱（C_{18}）进行分离。由于组分在两相间的分配系数不同目标组分得到分离，与有机酸标准品比较，根据色谱峰的保留时间对待测组分进行定性分析，根据组分的峰面积进行定量分析。

三、仪器和试剂

1. 仪器

Agilent 1200 液相色谱仪（配有自动进样器和紫外-可见光检测器）、迪马 C_{18} 色谱柱（150mm×4.6mm i.d.，3.5μm）、1.5mL 进样瓶、0.45μm 水相过滤膜、固相萃取装置、医用数控超声波清洗器、电子天平、称量瓶、离心管、容量瓶、移液管或移液枪、强阴离子固相萃取柱（SAX，1000mg/6mL）。

2. 试剂

色谱纯的甲醇和乙醇、纯净水，分析纯的磷酸，果汁样品，酒石酸、苹果酸、柠檬酸、醋酸和乳酸标准品（纯度皆大于 99%）。

各有机酸标准溶液配制：精密称取标准品 1.0g，置于 100mL 容量瓶中，用纯净水定容得到浓度为 10.0mg/mL 的标准储备液。分析前用流动相稀释，配制成一系列不同浓度的标准工作溶液，浓度分别为 1μg/mL、2μg/mL、4μg/mL、10μg/mL、20μg/mL。

四、实验步骤

1. 样品制备

果汁样品在提取前要摇匀，然后准确称取 5g（精确至 0.01g）均匀试样，放入 25mL容量瓶中，加水至刻度，经 0.45μm 滤膜过滤，待液相色谱分析。

2. 色谱条件

C_{18} 色谱柱（250mm×4.6mm i.d.，5μm）进行样品分离；流动相：0.1%磷酸溶液-甲醇（97.5∶2.5，体积比），等度洗脱，流速 1mL/min；柱温：40℃；进样量：20μL；检测波长：210nm。

3. 标准曲线的绘制

在上述色谱条件下，测定各有机酸的标准工作溶液，记录保留时间和峰面积。以峰面积为纵坐标，浓度为横坐标，绘制标准曲线。

4.试样溶液的测定

在相同的色谱条件下测定果汁样品，记录样品中各谱峰的保留时间和峰面积，进行定性和定量分析。

五、实验结果

1.将各有机酸标准工作溶液的保留时间，与待测样品中各谱峰的保留时间进行对照，确定实际样品中是否含有酒石酸、苹果酸、柠檬酸、醋酸或乳酸。

2.根据各有机酸标准工作溶液的峰面积，绘制其标准曲线，给出标准曲线方程和相关系数，填入表 7-7。

表 7-7 有机酸含量实验测定结果

浓度/(μg/mL)		1	2	4	10	20
酒石酸	t_r/min					
	峰面积					
	标准曲线方程				相关系数	
柠檬酸	t_r/min					
	峰面积					
	标准曲线方程				相关系数	
乳酸	t_r/min					
	峰面积					
	标准曲线方程				相关系数	
苹果酸	t_r/min					
	峰面积					
	标准曲线方程				相关系数	
醋酸	t_r/min					
	峰面积					
	标准曲线方程				相关系数	

3.如果确定样品中含有上述有机酸，根据标准曲线计算其含量，然后计算在样品中的含量，用质量分数（x）计，单位以毫克每千克（mg/kg）表示。按以下公式计算：

$$x = \frac{cV}{m} \tag{7-5}$$

式中，x 为果汁中有机酸（质量分数计）含量，mg/kg；c 为根据标准曲线计算的含量，μg/mL；V 为定容体积，mL；m 为称样量，g。

六、问题与讨论

1.如果果汁饮料中有二氧化碳，样品该如何处理？

2.在本实验中苹果酸含有手性异构体，采用反相色谱法能否将两个异构体分开？

实验八　黄酮类活性成分测定（HPLC法）

一、实验目的

1. 掌握天然药物活性成分黄酮类化合物的测定方法及步骤。
2. 掌握反相色谱法的分离原理和实验方法。

二、实验原理

芦丁和槲皮素属于黄酮类化合物，在很多天然植物中都含有该类成分，如槐米、银杏、山楂及刺梨等。这类化合物都含有两个环状的生色团，一个为香豆素结构；另一个为苯酚结构；同时它们还是多羟基化合物，常用作保健食品的添加剂。芦丁为淡黄色针状结晶，难溶于冷水，可溶于热水、乙醇等溶剂中，也易溶于碱液中。槲皮素是黄色结晶，能溶于乙醇、甲醇及丙酮中，难溶于水及石油醚等溶剂。鉴于此，可选用乙醇为提取溶剂。

这类化合物通常采用反相键合相色谱法进行分离，以水和甲醇或乙腈的混合溶剂为流动相进行洗脱，两种化合物能获得很好的分离效果。本实验采用反相色谱-紫外光谱法对紫穗槐中的芦丁和槲皮素进行测定，试样干燥粉碎后，用乙醇提取，提取液用 C_{18} 色谱柱净化后，采用反相色谱柱（C_{18}）进行分离。由于组分在两相间的分配系数不同，目标组分得到分离，与标准品对照，根据色谱峰的保留时间对待测组分进行定性分析，根据组分的峰面积进行定量分析。

三、仪器和试剂

1. 仪器

Agilent 1260 液相色谱仪（配有自动进样器和紫外-可见光检测器）、C_{18} 色谱柱（200mm×4.6mm i.d.，5μm）、1.5mL 进样瓶、0.45μm 有机过滤膜、中药粉碎机、旋转蒸发仪、固相萃取装置、医用数控超声波清洗器、电子天平、称量纸或称量瓶、不锈钢药匙、100 目筛子、锥形瓶、容量瓶、移液管或移液枪、定量滤纸、过滤漏斗、C_{18} 净化剂、玻璃色谱柱、试管、收集瓶。

2. 试剂

色谱纯甲醇、分析纯乙醇、纯净水、蒸馏水、紫穗槐样品、芦丁和槲皮素标准品（纯度皆大于99%）。

芦丁和槲皮素标准溶液配制：精密称取标准品 0.1g（精度 1.0mg），置于 100mL 容量瓶中，用色谱纯甲醇定容，得到浓度为 1.0mg/mL 的标准储备液。分析前用流动相稀释，配制成一系列不同浓度的标准工作溶液，浓度分别为 0.5μg/mL、1μg/mL、2μg/mL、5μg/mL、10μg/mL。

四、实验步骤

1. 样品制备

紫穗槐样品阴干后粉碎，粉末过 100 目筛子，收集过筛后的样品。称取 10g（精确至

0.01g）试样，放入150mL锥形瓶中，加入50mL 60%乙醇水溶液，60℃水浴振荡提取30min，过滤收集滤液。残渣用30mL乙醇提取两次，合并滤液。滤液经旋转蒸发仪浓缩至5mL。

称量5g C_{18}色谱净化剂，加水50mL，搅拌均匀，导入玻璃色谱柱中，打开色谱柱下方的活塞，让水滴出，使色谱净化剂自然沉降而填实。当液面与净化剂面持平时，上样，使样品溶液自然往下流，控制流速。当样品的溶液界面达到净化剂上端后，加入50%乙醇水溶液冲洗，使两组分随冲洗剂分开形成两个色谱带。当两组分的色谱带超过1cm后，再加入90%乙醇水溶液洗脱，分别收集两个色谱带，浓缩至近干后，用0.45μm滤膜过滤，分别进样分析。

2. 色谱条件

C_{18}色谱柱（200mm×4.6mm i.d.，5μm）进行样品分离。流动相：0.1%甲酸溶液-甲醇，梯度洗脱，0～5min甲醇由40%到60%，5～10min甲醇由60%到90%，然后用90%甲醇冲洗2min，在下次分析前用40%甲醇平衡5min；流速1.0mL/min。检测波长260nm。柱温40℃。进样量10μL。

3. 标准曲线的绘制

在上述色谱条件下，测定芦丁和槲皮素的标准工作溶液，记录保留时间和峰面积。以峰面积为纵坐标，标准工作溶液浓度为横坐标，绘制标准曲线。

4. 试样溶液的测定

在相同的色谱条件下测定紫穗槐样品，记录样品中各谱峰的保留时间和峰面积，进行定性和定量分析。

五、实验结果

1. 将芦丁和槲皮素标准工作溶液的保留时间，与待测样品中各谱峰的保留时间进行对照，确定实际样品中是否含有芦丁或槲皮素。

2. 根据芦丁和槲皮素标准工作溶液的峰面积，绘制其标准曲线，给出标准曲线方程和相关系数，填入表7-8。

表7-8　芦丁和槲皮素的测定结果

浓度/(μg/mL)		0.5	1	2	5	10
芦丁	t_r/min					
	峰面积					
	标准曲线方程				相关系数	
槲皮素	t_r/min					
	峰面积					
	标准曲线方程				相关系数	

3. 如果确定样品中含有上述两种黄酮成分，根据标准曲线计算其含量，然后计算在样品中的含量，用质量分数（x）计，单位以毫克每千克（mg/kg）表示。按以下公式

计算：

$$x = \frac{cV}{m}$$

(7-6)

式中，x 为样品中待测组分（质量分数计）含量，mg/kg；c 为根据标准曲线计算的含量，μg/mL；V 为定容体积，mL；m 为称样量，g。

六、问题与讨论

1. 根据芦丁和槲皮素的化学结构推测哪个组分的极性较大，并解释原因。
2. 芦丁属于黄酮苷，通过何种反应能转换成槲皮素？

第 8 章

毛细管电泳法

8.1 基本原理

1967 年，Hjerten 首次提出以内径 3mm 的毛细管作为电泳载体，使毛细管具有了很好的散热效能，允许在毛细管两端加上 30kV 电压，因而电泳分离操作可在很短的时间内完成，一般在 30min 以内，最快可在数秒内完成，并达到极高的分离效率。

但直到 1981 年，Jorgenson 和 Luckas 用内径 $75\mu m$ 的石英毛细管进行电泳分析，柱效高达 40 万/m，使得电泳技术发生了根本变革，迅速发展成为可与气相色谱（GC）、高效液相色谱（HPLC）相媲美的分离分析技术——毛细管电泳（CE），又称高效毛细管电泳。毛细管电泳仪结构见图 8-1。

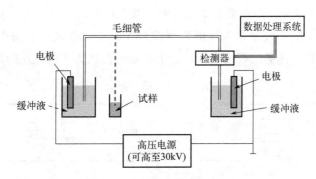

图 8-1　毛细管电泳仪的结构

8.1.1　分离原理

8.1.1.1　双电层的形成

毛细管区带电泳是在石英毛细管两端加上高压形成电路，毛细管内预先充满电解质溶液，石英毛细管内壁常带负电，于是在贴近管壁的液体表面由于管壁的静电吸附而形成了一个带正电荷的离子层，称为吸附层或斯特恩层。吸附层的外面是由剩余离子对构成的扩散层，扩散层的电荷密度随着远离壁面逐渐与溶液接近，这种毛细管壁内表面的电荷层与吸附层及扩散层电荷层即构成所谓双电层，见图 8-2。

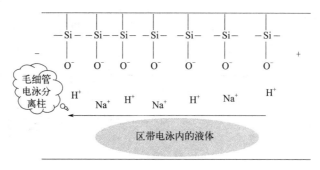

图 8-2　双电层的形成

8.1.1.2　电渗流

由于双电层效应，在贴近管壁的液体表面形成了一层与管壁表面的负电荷异号的正电荷层，于是毛细管内的溶液表层形成了一个圆筒形的阳离子套，在外电场作用下，该离子套将携带整个溶液向阴极移动。毛细管中这种溶液在外加电场作用下整体朝一个方向（多为负方向）移动的现象称为电渗流（EOF）。

在电场作用下，带正电荷的双电层会向负极移动，见图 8-3，形成的电渗流也会带动样品组分向负极运动。所以电渗流在电泳分析中起到推动作用，类似气相色谱中的载气或液相色谱中的流动相的作用。

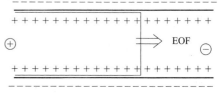

图 8-3　电渗流的移动方向

从图 8-4 中可以发现，在石英毛细管内壁的双电层电荷均匀分布，整体移动，电渗流的流动为平流，属于塞式流动，因而谱带展宽较小；而高效液相色谱中的溶液流动为层流，属于抛物线流型，管壁处流速为零，管中心处的流速为平均流速的 2 倍，因而引起谱带展宽较大。

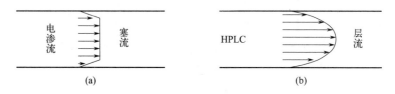

图 8-4　电渗流（a）与 HPLC 的流动相（b）比较

8.1.1.3　离子的迁移速度

一般来说，电渗流的速度比电泳速度快，因此在毛细管电泳中，无论正离子、负离子或中性分子都向阳极方向移动，各种离子的迁移速度等于其电泳速度与电渗流速度的矢量和。因此，正离子迁移速度＞电渗流速度＝中性分子迁移速度＞负离子迁移速度。它们之间因产生差速迁移而得以互相分离，见图 8-5。

通过控制电渗流的大小和方向，可影响电泳分离的效率、选择性和分离度，故其成为优化分离条件的重要参数。而改变电泳缓冲液的成分和浓度、改变缓冲液 pH 值、加入添加剂或改变温度，都可以调节 EOF。

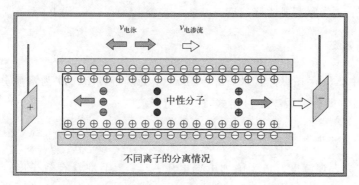

图 8-5 电泳与电渗现象对离子分离的影响

8.1.2 毛细管电泳的分离流程

8.1.2.1 电泳淌度和迁移时间

毛细管电泳（CE）是以电渗流（EOF）为驱动力，以毛细管为分离通道，依据样品中组分之间淌度和分配行为上的差异而实现分离的一种液相微分离技术。当离子所受电场力和离子通过介质所受的摩擦力达到平衡时，荷电粒子在外电场作用下的迁移符合式（8-1）：

$$\mu = \frac{q}{6\pi r \eta} \tag{8-1}$$

式中，μ 为电泳淌度；q 为电荷；r 为毛细管内径；η 为介质黏度。

毛细管的两端分别浸在含有电解质的储液槽中，管内也充满同样的电解质，其中一端与检测器相连。当样品被引入后，便开始施加电压，样品中各组分向检测器方向移动，溶质的迁移时间为：

$$t_m = \frac{L_{ef}^2}{UV} \tag{8-2}$$

$$U = \frac{U_e}{U_{eo}} \tag{8-3}$$

式中，L_{ef} 为毛细管有效长度；V 为施加电压；U 为溶质总流速；U_e 为电泳速度；U_{eo} 为电渗流速度。

可见，在毛细管长度一定，某时刻电压相同的条件下，迁移时间取决于电泳速度 U_e 和电渗流速度 U_{eo}，而两者均随组分的不同荷质比而异，所以，基于荷质比的差异就可以实现组分的分离。

高效毛细管电泳（HPCE）兼具电化学的特性和色谱分析的特性，有关色谱理论也适用，所以迁移时间也可用式（8-4）表示：

$$t = \frac{L_{ef}}{v_{ap}} = \frac{L_{ef}}{\mu_{ap} E} = \frac{L_{ef} L}{\mu_{ap} V} \tag{8-4}$$

式中，V 为外加电压；L 为毛细管总长度；L_{ef} 为毛细管有效长度；E 为电场强度；

μ_{ap} 为表观淌度；υ_{ap} 为表观迁移速度。

8.1.2.2　分离效率

在 HPCE 中，仅存在纵向扩散，$\sigma^2 = 2Dt$（σ 为区带方差；D 为溶质分子扩散系数），则其理论塔板数（即分离效率）可由式（8-5）计算：

$$n = \frac{\mu_{ap}VL_{ef}}{2DL} = \frac{\mu_{ap}EL_{ef}}{2D} \quad \text{或} \quad n = 5.54\left(\frac{t_r}{W_{1/2}}\right)^2 \qquad (8\text{-}5)$$

式中，μ_{ap} 为表观淌度；V 为施加电场电压；L_{ef} 为毛细管有效长度；D 为溶质分子扩散系数；L 为毛细管总长度；E 为电场强度；t_r 为溶质的保留时间；$W_{1/2}$ 为谱峰的半峰宽。

式（8-5）说明，分离效率 n 与电场电压成正比，与溶质分子扩散系数成反比，与电泳淌度及电渗流矢量和成正比。扩散系数小的溶质比扩散系数大的分离效率高，是分离生物大分子的依据。

8.1.2.3　分离度（R）

分离度可由式（8-6）计算。影响分离度的主要因素：工作电压 V、毛细管有效长度与总长度比、有效淌度差。

$$R = 0.177\Delta\mu\left[DV(\mu_{平均} + \mu_{eo})\right]^{-0.5} \qquad (8\text{-}6)$$

$$\mu_{平均} = \frac{\mu_{ap1} + \mu_{ap2}}{2} \qquad (8\text{-}7)$$

式中，D 为溶质分子扩散系数；μ_{ap} 为组分表观淌度；μ_{eo} 为电渗流淌度；V 为工作电压；$\Delta\mu$ 为有效淌度差。

8.2　分析方法

在毛细管电泳分离中，由于其从分离原理方面也归属于色谱法，所以其定性和定量分析方法皆可遵照色谱法。其中定性分析也是采用标准物质对照法，比较待测组分和标准物质的迁移时间（保留时间），根据其迁移时间进行定性分析。

在定量分析方面，可采用外标法，通过测定标准工作溶液的峰面积，与其浓度绘制标准曲线，然后依据待测组分的峰面积计算其含量。因此，在色谱法中的各种定性及定量分析方法都适用于毛细管电泳法。

8.3　仪器结构与原理

毛细管电泳仪主要由进样系统、分离系统、检测系统和数据采集系统构成。分离系统由高压电源、缓冲溶液瓶、电极、石英毛细管等几部分组成。高压电源一般在 $10 \sim 30$kV；两个缓冲溶液瓶装填相同的电解质溶液；石英毛细管是分离的载体，在毛细管内的双电层形成的电渗流起到推动作用，带动样品组分在石英毛细管内分离。

8.3.1 进样系统

在毛细管电泳中，进样体积一般在纳升级，进样长度必须控制在毛细管总长度的 $1\%\sim2\%$，否则将会显著影响分离效率。

毛细管电泳的进样方式主要有流体力学进样和电动进样两种。其中流体力学进样又包括压力进样、虹吸进样和真空进样等几种方式，见图 8-6，进样体积可按式（8-8）计算。流体力学进样虽然操作简单，但不适合黏度大的样品进样。

$$进样体积 = \frac{\Delta p d^4 \pi}{128 \eta L} t \tag{8-8}$$

式中，Δp 为毛细管两端的压力差；d 为毛细管半径；η 为溶液黏度；L 为毛细管长度；t 为进样时间。

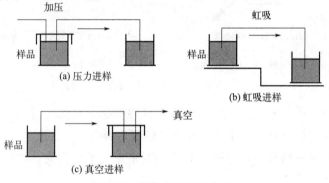

图 8-6 流体力学进样方式

而电动进样是将毛细管一端插入样品瓶，然后施加电压，使样品组分在电场作用下进入毛细管中，从而达到进样的目的，见图 8-7，进样量可按式（8-9）计算。相比于流体力学进样，电动进样适合黏度大的样品进样，但该进样方式也存在进样不均衡及离子丢失情况。

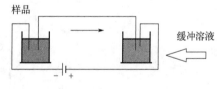

图 8-7 电动进样方式

$$进样量 = \frac{(\mu_{eo} \pm \mu_{ef}) V \pi r^2 c t}{L} \tag{8-9}$$

式中，μ_{eo} 为电渗流淌度；μ_{ef} 为有效淌度；V 为施加电压；r 为毛细管内径；c 为溶液浓度；t 为出样时间；L 为毛细管长度。

8.3.2 分离系统

毛细管电泳分离系统的主体是石英毛细管，由熔融石英制成，内径通常为 $25\sim75\mu m$，外径为 $350\sim400\mu m$，有效长度为 $80\sim100cm$。石英毛细管的结构见图 8-8。在高效毛细管电泳中，为降低毛细管内产生的焦耳热对分离效果的影响，通常要进行温度控制，控制柱温变化在 $\pm0.1℃$。

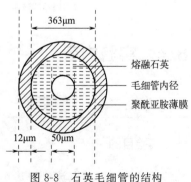

图 8-8 石英毛细管的结构

8.3.3　检测系统

　　毛细管电泳法常用的检测器为紫外-可见光检测器，检测器位于距样品盘约毛细管总长的 2/3～4/5 处，其作用与紫外检测器中的样品流通池相同，可对毛细管壁内部分进行光聚焦，实现柱上检测，见图 8-9。

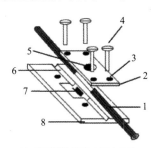
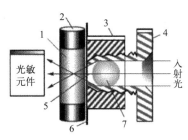

(a) 毛细管检测窗口固定方法　　　　　(b) 球镜聚焦增强紫外检测灵敏度

1-毛细管；2-压片；3-螺孔；4-螺钉；　　1-检测窗口；2-毛细管；3-基座；4-聚焦机构；
5-光出口；6-毛细管导槽；7-狭缝；8-固定基座　　5-圆形狭缝；6-狭缝片；7-球透镜

图 8-9　毛细管电泳的紫外-可见光检测器

　　但是由于毛细管内径较小，能通过检测窗口的样品量较低，所以采用紫外-可见光检测器进行样品测定灵敏度低。为了提高检测灵敏度，通常采用灵敏度更高的检测器进行测定，如荧光检测器和质谱检测器，这两类检测器常用于毛细管电泳检测。图 8-10 为激光诱导荧光检测器的结构。

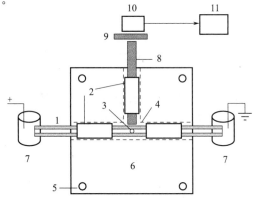

图 8-10　激光诱导荧光检测器的结构

1—石英毛细管；2—Teflon 管路；3—检测窗口；4—凹槽；5—螺孔；6—底座；
7—缓冲溶液瓶；8—光纤；9—滤光片；10—光电倍增管；11—电脑

8.4　实验内容

实验一　毛细管电泳法测定食品添加剂

一、实验目的

　　1. 了解毛细管电泳仪的基本结构以及具体的操作步骤。

2.掌握毛细管区带电泳分离的基本原理，利用紫外法测定食品中的添加剂。

二、实验原理

毛细管区带电泳是在毛细管和电极槽内充有组分和浓度相同的背景电解质溶液（缓冲溶液），样品从毛细管的进样端导入，当毛细管两端加上一定电压后，荷电溶质便朝与电荷极性相反的电极方向移动。由于样品组分间淌度的不同，它们的迁移速度不同，经过一定时间后，各组分按其速度或淌度的大小顺序依次到达检测器被检出，得到按时间分布的电泳谱图。

三、仪器和试剂

1.仪器

Agilent-HP CE^{3D} 仪（配有自动进样器和紫外-可见光检测器）、石英毛细管 [70cm（有效长度61.5cm）×50μm i.d.]、电子天平、称量纸或称量瓶、不锈钢药匙、容量瓶、移液管或移液瓶、超声波清洗器、过滤装置、2mL样品瓶若干、0.45μm滤膜。

2.试剂

分析纯的四硼酸钠、十二烷基磺酸钠（SDS）、氢氧化钠，纯净水（用于标准溶液的配制），0.1mol/L氢氧化钠溶液，20mmol/L四硼酸钠水溶液＋5mmol/L SDS缓冲溶液（pH值调节为9.6），苯甲酸和山梨酸标准物质（纯度＞98％），待测饮料样品。

苯甲酸和山梨酸标准溶液配制：精密称取苯甲酸和山梨酸各标准品0.1g，置于100mL容量瓶中，用纯净水定容得到浓度为1.0mg/mL的标准贮备液。分析前用纯净水稀释，配制成一系列不同浓度的标准工作溶液，浓度分别为0.2μg/mL、0.5μg/mL、1.0μg/mL、2.0μg/mL、10.0μg/mL。

四、实验步骤

1.毛细管区带电泳的基本操作流程

（1）配备20mmol/L四硼酸钠＋5mmol/L SDS缓冲溶液、0.1mol/L氢氧化钠溶液和超纯水。

过滤：利用过滤装置使缓冲溶液和水过水相滤膜（0.45μm）。

脱气：将配好的缓冲溶液、氢氧化钠和超纯水在超声波仪中脱气，排出溶解的气体。

（2）安装毛细管：首先将毛细管两端的聚酰亚胺涂层去掉（用打火机烧掉两端涂层，用乙醇清洗掉灰烬露出透明的石英层），采用同样方法在距离毛细管出口端6cm左右烧检测窗口。然后小心地将毛细管安装到卡盘上，注意不要碰断检测窗口，毛细管两端与卡盘下部几乎平齐。最后将卡盘安装到毛细管仪中，盖上仪器上部的盖子。

（3）加缓冲溶液：打开毛细管电泳仪前面的塑料门，卸下缓冲溶液储备瓶和废液瓶，清洗后加入准备好的缓冲溶液，重新安装到仪器上，拧紧瓶盖。

（4）开机：打开电脑主机，打开毛细管电泳仪电源开关（仪器前面的电源开关），双击桌面的"Instrument on-line"图标进入工作站。

（5）初始化：工作站完全打开后进入"method & run control"界面，点击工具栏"Instrument"中的"System INIT"进行仪器初始化（大约1min），仪器会自动调节转动盘和升降杆位置。初始化结束后会出现"Wavelength Calibration"界面，调节波长后点"ok"，初始化结束，当温度达到设定值（20℃），"CE-State"处于"ready"状态。

（6）分析前准备：首先查看仪器状态是否正常，是否能够加压。点击工作站上"Electrolyte"和"Waste"中间位置的缓冲瓶右键，选择"clean tubes"或"fill vial"等操作，清洗管路和毛细管等。

（7）设定方法：在工作站上的各相关图标处点击右键，分别设定检测器波长（214nm）、分离电压（15kV）、进样量（电动进样，3s）、样品瓶、正极和负极缓冲瓶位置以及分析时间等参数，也可以在工具栏"Instrument"下选择"set up CE method"设定运行方法。

（8）运行方法：方法设定后可点击左端"start"开始进行标准样品分析（分别测定苯甲酸、山梨酸标准工作溶液），工作站进行数据采集，在右下方"online plot"栏可观察到被测样品电泳谱图，记录保留时间。

2. 样品制备

果汁、汽水类样品在测定前置于40℃水浴上加热30min，除去气体或采用真空脱气方法，然后用0.45μm滤膜过滤，待进样分析。

3. 分析条件

20mmol/L四硼酸钠水溶液＋5mmol/L SDS缓冲溶液，pH值为9.6；分离电压25kV；电动进样，进样电压5kV，进样时间5s；紫外-可见光检测器，检测波长254nm；70cm（有效长度61.5cm）×50μm i.d.石英毛细管用于样品分离。

4. 标准溶液分析

在上述分析条件下测定两种防腐剂的标准工作溶液，记录其保留时间和峰面积。

5. 样品测定

在相同的分析条件下分析待测样品，记录其组分的保留时间和峰面积，通过与上述标准样品的保留时间进行比较，确定饮料中是否含有苯甲酸和山梨酸。

五、实验结果

1. 分别给出苯甲酸、山梨酸标准样品的保留时间和峰面积，绘制标准曲线，给出标准曲线方程和相关系数，填入表8-1。

表8-1　苯甲酸和山梨酸的实验结果

浓度/(μg/mL)		0.2	0.5	1.0	2.0	10.0
苯甲酸	t_r/min					
	峰面积					
	标准曲线方程				相关系数	
山梨酸	t_r/min					
	峰面积					
	标准曲线方程				相关系数	

2.根据样品测定结果，确定饮料中是否含有苯甲酸和山梨酸成分，如含有进一步确定其含量。

3.计算样品中苯甲酸和山梨酸的理论塔板数和分离度。

六、问题与讨论

1.为什么在进行毛细管电泳分析时会出现电流降低甚至为零的情况？

2.毛细管区带电泳分析技术适合分离哪类样品？

实验二　毛细管区带电泳法分离多酚类化合物

一、实验目的

1.掌握毛细管区带电泳的分离原理和仪器操作方法。

2.了解毛细管区带电泳中影响化合物分离的因素。

二、实验原理

毛细管区带电泳是在毛细管和电极槽内充有组分和浓度相同的背景电解质溶液（缓冲溶液），样品从毛细管的进样端导入，当毛细管两端加上一定电压后，荷电溶质便朝与电荷极性相反的电极方向移动。由于样品组分间淌度的不同，它们的迁移速度不同，经过一定时间后，各组分按其速度或淌度的大小顺序依次到达检测器被检出，得到按时间分布的电泳谱图。

三、仪器和试剂

1.仪器

Agilent-HP CE^{3D} 仪（配有自动进样器和紫外-可见光检测器）、石英毛细管〔70cm（有效长度 61.5cm）× 50μm i.d.〕、2mL 样品瓶若干、超声波清洗器、过滤装置、0.45μm 滤膜、电子天平、称量纸或称量瓶、不锈钢药匙、容量瓶、移液管或移液枪。

2.试剂

纯净水、分析纯氢氧化钠和四硼酸钠、0.1mol/L 氢氧化钠溶液、20mmol/L 四硼酸钠水溶液（调节 pH 值为 9.6）、对硝基苯酚和 2,4-二氯酚标准物质（纯度≥98%）、对硝基苯酚和 2,4-二氯酚的标准混合液、2 个待测样品。

四、实验步骤

1.设定方法

在工作站上的各相关图标处点击右键，分别设定检测器波长、分离电压、进样量、样品瓶、正极和负极缓冲瓶位置以及分析时间等参数，也可以在工具栏"Instrument"下选择"set up CE method"设定运行方法。方法设定后可点击左端"start"开始进行样品分析，工作站进行数据采集，在右下方"online plot"栏可观察到被测样品的电泳谱图。

2. 分析条件

20mmol/L 四硼酸钠水溶液＋5mmol/L SDS 缓冲溶液，pH 值为 9.6；分离电压 30kV；电动进样，进样电压 5kV，进样时间 7s；紫外-可见光检测器，检测波长 254nm；70cm（有效长度 61.5cm）×50μm i. d. 石英毛细管用于样品分离。

3. 标准样品测定

在上述分析条件下分离对硝基苯酚和 2,4-二氯酚的标准混合液，确定对硝基苯酚和 2,4-二氯酚的保留时间。

4. 样品分析

分离待测样品，与标准样品的保留时间进行比较，确定待测样品中所含的组分。

5. 关机

分析结束后关闭工作站，关闭电脑和仪器开关。

注意事项：

如分析过程中出现电流逐渐降低，甚至为零的情况，要停止分析过程，清洗毛细管路，再重新运行方法。

五、实验结果

1. 将毛细管电泳分离的定性分析结果填入表 8-2。

表 8-2　毛细管电泳测定结果

物质	对硝基苯酚	2,4-二氯酚	样品 1	样品 2
保留时间/min				

2. 确定样品 1 和样品 2 中所含组分。

六、问题与讨论

1. 毛细管电泳有几种分离模式？
2. 电渗流对毛细管区带电泳分离有何作用？其中正离子、中性分子及负离子的出峰顺序如何？

实验三　毛细管电泳法测定金属阳离子

一、实验目的

1. 熟悉毛细管区带电泳的仪器结构及实验操作。
2. 掌握毛细管区带电泳中影响组分之间分离度的因素。

二、实验原理

金属阳离子，如钾离子、钠离子和钙离子等，无法采用气相色谱分离，而如果采用液相色谱分离，需要离子色谱法，以强电解质溶液为流动相进行分离，对色谱柱的柱效及寿命都会有影响，而且分离速度慢，检测也相对困难。

而采用毛细管区带电泳分离阳离子，是最佳的分离方法。毛细管取代电泳通过电渗流驱动离子在石英毛细管内运动，阳离子与电渗流的运动方向相同，故能够很快到达检测窗口进行测定。由于上述阳离子的电泳速度有差异，所以到达检测器的速度也不同，这样可以将上述离子分离。而采用电化学检测器，可以对几种离子产生响应信号，从而根据其保留时间定性，根据色谱图上的峰面积定量分析。

三、仪器和试剂

1. 仪器

Agilent-HP CE^{3D} 仪或自建毛细管电泳仪（配有电化学检测器）、石英毛细管 [70cm（有效长度 61.5cm）×50μm i.d.]、2mL 样品瓶若干、0.45μm 滤膜、电子天平、称量瓶、吸管、容量瓶、移液管或移液枪。

2. 试剂

纯净水，分析纯的 2-吗啉乙磺酸（MES）、组氨酸（His）和乙酸。配制 20mmol/L MES/His 缓冲溶液，调节 pH 值为 6.0。几种金属阳离子来自其氯化盐的标准物质（纯度 ≥96%），配制钾离子、钠离子和钙离子的标准混合液。2 个待测样品。

四、实验步骤

1. 设定方法

在工作站上的各相关图标处点击右键，分别设定检测器波长、分离电压、进样量、样品瓶、正极和负极缓冲瓶位置以及分析时间等参数，也可以在工具栏 "Instrument" 下选择 "set up CE method" 设定运行方法。方法设定后可点击左端 "start" 开始进行样品分析，工作站进行数据采集，在右下方 "online plot" 栏可观察到被测样品的电泳谱图。

2. 分析条件

20mmol/L MES/His 缓冲溶液，pH 值为 6.0；70cm（61.5cm）×50μm i.d. 石英毛细管；分离电压 30kV；电动进样，电压 5kV 进样时间 7s。

3. 标准溶液分析

在上述分析条件下分离钾离子、钠离子和钙离子的标准混合液，确定三种金属离子的保留时间。

4. 样品分析

在相同分析条件下分离待测样品，与标准样品的保留时间进行比较，确定待测样品中所含的离子。

5. 关机

分析结束后关闭工作站，关闭电脑和仪器开关。

注意事项：

如分析过程中出现电流逐渐降低，甚至为零的情况，要停止分析过程，清洗毛细管路，再重新运行分析方法。

五、实验结果

1.将毛细管电泳分离的阳离子定性分析结果填入表 8-3 中。

表 8-3　阳离子测定结果

离子类型	钾离子	钙离子	钠离子	样品 1	样品 2
保留时间/min					

2.确定样品 1 和样品 2 中所含离子。

六、问题与讨论

1.为什么在上述分析条件下钠离子比钙离子的移动速度（保留时间大）慢？

2.在毛细管电泳分析过程中电流初始较小，后逐渐增大，是什么原因？

第9章

核磁共振波谱法

9.1 基本原理

9.1.1 原子核的自旋

原子核的自旋现象通常可用自旋量子数 I 表示，I 与原子核的质子数和中子数有关，见表 9-1。I 等于 0 的原子核不会产生自旋现象，I 不等于 0 的原子核则会产生自旋现象。实践证明，核自旋与核的质量数、质子数和中子数有一定的关系，原子核的质量数和质子数皆为偶数的原子核没有自旋现象。

表 9-1 原子核的自旋

质量数	原子序数	I	NMR 信号	原子核
偶数	偶数	0	无	$^{12}C_6$, $^{32}S_{16}$, $^{16}O_8$
奇数	奇数或偶数	1/2	有	$^{1}H_1$, $^{13}C_6$, $^{19}F_9$, $^{31}P_{15}$
奇数	奇数或偶数	3/2, 5/2…	有	$^{11}B_5$, $^{35}Cl_{17}$, $^{79}Br_{35}$, $^{81}Br_{35}$, $^{17}O_8$, $^{33}S_{16}$
偶数	奇数	1, 2, 3	有	$^{2}H_1$, $^{14}N_7$

由上述可知，只有 I 不等于 0 的原子核有自旋现象，又可分为以下两种情况：

① 原子核的 $I=\dfrac{1}{2}$，此类原子核的电荷核磁共振谱线窄，最宜于核磁共振（NMR）的检测，是核磁共振研究的主要对象，如 $^1H_1$、$^{13}C_6$、$^{19}F_9$、$^{31}P_{15}$ 等原子核；

② 原子核的 $I>\dfrac{1}{2}$，此类原子核的电荷在原子核中具有特有的弛豫机制，常导致核磁共振的谱线加宽，不利于核磁共振信号的检测。

9.1.2 核磁共振的产生

可自旋的原子核在外磁场中的自旋取向是量子化的，可用磁量子数 m 来表示核自旋不同的空间取向，其数值可取：$m=I$，$I-1$，$I-2$，…，$-I$，即共有 $2I+1$ 个取向。例如，对 ^1H 核来说，$I=1/2$，则有 $m=+1/2$ 和 $m=-1/2$ 两种取向。$m=+1/2$ 取向是顺磁场排列，代表低能态；而 $m=-1/2$ 则是反磁场排列，代表高能态。对于 $I=1$ 的原子核，如 ^2H、^{14}N 而言，m 则有 $m=+1$，0，-1 三种取向，代表三个不同能级。

由量子力学的选律可知，只有 $\Delta m=\pm 1$ 的核自旋能级跃迁才是允许的，所以相邻能级之间发生跃迁所对应的能量差 ΔE 为：

$$\Delta E = \frac{h}{2\pi}\gamma B_0 \tag{9-1}$$

式中，h 为普朗克常数，6.626×10^{-34} J·s；B_0 为外磁场强度；γ 为磁旋比。

由式（9-1）可知，原子核相邻能级之间的能量差 ΔE 既与原子核本身的磁旋比 γ 有关，也与外磁场强度大小 B_0 相关。只有当外磁场存在时，原子核才会发生能级分裂，并且依据其磁矩的取向分裂成 $2I+1$ 个不同能级。因此，当使用某一特定频率 ν 的电磁波照射原子核时，若该电磁波能量与原子核相邻能级之间的能量差相等，那么该原子核就会发生能级之间的跃迁，这就是核磁共振。因此，产生核磁共振的条件为：

$$h\nu = \frac{h}{2\pi}\gamma B_0 \tag{9-2}$$

即所需要的共振频率 ν 为：

$$\nu = \frac{\gamma B_0}{2\pi} \tag{9-3}$$

由式（9-2）和式（9-3）可知，对于同种原子核，外磁场强度越大，则发生核磁共振所需的能量就越大，因此所需要的共振频率越大；而当外磁场强度相同时，同种原子核发生核磁共振所需的能量相同，所需要的共振频率也相同。

9.1.3 化学位移

9.1.3.1 屏蔽效应

（1）化学位移的定义 核磁共振产生的基本条件表明在相同强度的外磁场作用下，不同原子核的共振频率不同，即核磁共振信号可反映同一种原子核的不同化学环境。因此，不同化学环境的同一种原子核具有不同的共振条件，这种因原子核所处化学环境改变而引起的共振条件变化的现象称为化学位移。

（2）屏蔽效应的产生 在讨论核磁共振基本原理时，把原子核当成了孤立的微观粒子，即裸核。实际上，分子中的磁核不是裸核，核外还包围着电子云，在磁场的作用下，核外电子会在垂直于外磁场的平面上绕核旋转，形成微电流，同时产生对抗主磁场的感应磁场。感应磁场的方向与外磁场相反，强度与磁场强度 B_0 成正比。感应磁场在一定程度上减弱了外磁场对磁核的作用，即产生电子屏蔽效应，见图 9-1。

通常用屏蔽常数 σ 来衡量屏蔽效应的强弱。因而实际作用于原子核的磁感强度不再是 B_0，而是略有差别的场强 B，B_0 与 B 的关系如下：

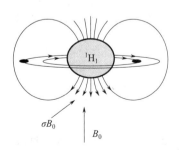

图 9-1 氢质子的电磁感应与屏蔽效应

$$B = B_0(1 - \sigma) \tag{9-4}$$

因此，将式（9-4）代入式（9-3）中，则核磁共振条件被修正为：

$$\nu = \frac{\gamma}{2\pi}B_0(1 - \sigma) \tag{9-5}$$

式中，σ 为屏蔽常数，它反映了核外电子对核的屏蔽作用的大小，也就是反映了核所处的化学环境。

不同化学环境的质子，核外电子云分布不同，σ 值不同，核磁共振吸收峰出现的位置亦不同。在以扫频方式测定时，核外电子云密度大的质子，σ 值大，吸收峰出现较低频；相反，核外电子云密度小的质子，吸收峰出现在较高频。如果以扫场方式进行测定，则电子云密度大的质子吸收峰在较高场，电子云密度小的质子出现在较低场。

9.1.3.2 化学位移值

在核磁共振波谱学中，通常用化学位移常数 δ 值来表示化学位移，并规定核磁谱图的横坐标从左到右的方向为化学位移常数 δ 值减小的方向。在谱图右端的谱线处于较高的磁场中，此时 δ 值较小；相应地，在谱图左侧的谱线则相对处于较低的磁场中，此时 δ 值较大。化学位移常数 δ 是核磁共振测定所得的最重要的数据，也是核磁共振解析时判断原子核化学环境的重要依据。

原子核所处的化学环境不同，其吸收峰位置也不相同，因此不可能准确测定出任何一个原子核的化学位移常数 δ 的绝对值。在实际应用中，通常采用四甲基硅烷（TMS）为基准物，用化学位移的相对值表示。它与外加磁场磁感强度无关，因此用不同磁感强度的仪器所测定的化学位移值均相同。

9.1.3.3 影响化学位移的因素

影响质子的化学位移的因素有两类：①分子结构因素，即所谓质子的化学环境，主要从影响质子外部电子云密度的因素（如共轭效应、诱导效应、范德华效应及分子内氢键效应等）及化学键磁各向异性效应两方面来考虑；②外部因素，即测试条件，如溶剂效应、分子间氢键等。外部因素对非极性碳上的质子影响不大，主要是对 O—H、N—H、S—H 及某些带电荷的极性基团影响较大。

9.1.4 自旋-自旋耦合

9.1.4.1 自旋耦合现象的发现

实际环境中，分子中的原子核并不是孤立存在的裸核，原子核外还存在着电子云，同时分子中的每个原子还与其他原子相连或相邻，在周围原子核的作用下，每个原子核的核外电子云密度和形状均与理论情况有所差别。另外，原子核本身的自旋作用也会产生一个微弱的附加磁场，对与其相邻的原子核产生干扰。因而核磁共振峰的裂分是由相邻两个碳上质子之间的自旋耦合（自旋干扰）而产生的。这种由相邻原子核的自旋作用引起的原子核之间的相互作用（干扰）而使核磁共振峰分裂成几重峰的现象称为自旋-自旋耦合。自旋耦合作用不影响磁核的化学位移，但会影响谱峰的形状，使谱图变得复杂，但又可为结构分析提供更多的信息。

9.1.4.2 自旋耦合的产生

（1）$n+1$ 规律　由相邻原子核的自旋作用引起的共振谱线分裂现象称为耦合裂分。如果所讨论的原子核邻近有 n 个核与其相耦合，且耦合作用均相同时，则自旋-自旋耦合产生的谱线裂分数为 $n+1$ 条，称为"$n+1$"规律。某组环境相同的氢核，分别与 n 个和 m 个环境不同的氢核（或 $I=1/2$ 的核）耦合，则被裂分为 $(n+1)(m+1)$ 条峰（实际谱图可能出现谱峰部分重叠，小于计算值）。

磁等性氢原子核之间不发生耦合；两个磁不等性氢原子核相隔三个以上 σ 键时，也不发生耦合；同碳上的磁不等性氢原子核可耦合裂分，见图 9-2。

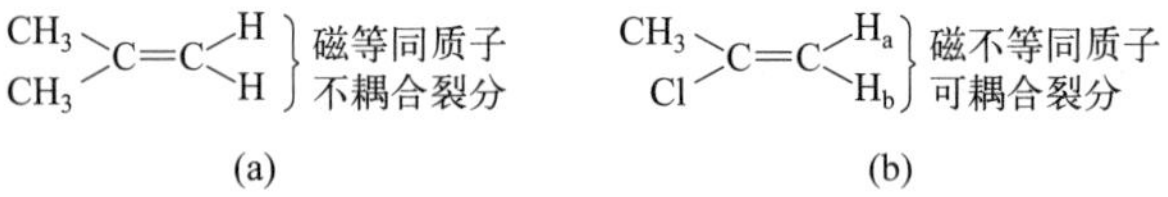

图 9-2　自旋耦合产生的条件

（2）裂分峰的峰强　裂分的峰高度比与二项展开式的各项系数比一致。n 个耦合核使被测核产生的耦合裂分的峰数及相对峰强度如表 9-2 所示。

表 9-2　耦合核使被测核产生的耦合裂分的峰数及相对峰强度

邻近氢核数 n	裂分峰数	裂分峰强度
0	一重峰（singlet）	1
1	二重峰（doublet）	1 : 1
2	三重峰（triplet）	1 : 2 : 1
3	四重峰（quartet）	1 : 3 : 3 : 1
4	五重峰（quintet）	1 : 4 : 6 : 4 : 1
5	六重峰（sextet）	1 : 5 : 10 : 10 : 5 : 1
6	七重峰（septet）	1 : 6 : 15 : 20 : 15 : 6 : 1
7	八重峰（octet）	1 : 7 : 21 : 35 : 35 : 21 : 7 : 1

（3）耦合常数　由耦合裂分所产生的裂距反映了相互耦合作用的强弱，称为耦合常数（coupling constant），可用 J 表示，是共振峰耦合裂分后相邻两峰之间的距离，单位为赫兹（Hz）。$n+1$ 规律只适合于互相耦合的质子的化学位移差远大于耦合常数，即 $\Delta\delta \gg J$ 时的一级光谱。由于耦合常数的大小与磁场强度无关，主要与原子核的磁性和分子结构有关，故可以根据 J 的大小及其变化规律，推断分子的构型和构象。

9.1.5　核磁共振碳谱

1957 年 P. C. Lauterbur 首先观察到了 ^{13}C 核磁共振谱（^{13}C-NMR）的信号。碳是组

成有机物分子骨架的元素，人们清楚地认识到[13]C-NMR 对于化学研究的重要性。但直到20 世纪 70 年代后期，质子去耦合傅里叶变换技术的发展和应用，才使[13]C-NMR 的谱图易于检测和解析。

9.1.5.1 核磁共振碳谱的应用

在有机物中，有些官能团不含氢，例如：—C＝O、—C＝C＝C—、—N＝C＝O 及季碳原子等，其官能团信息不能从[1]H 谱中得到，只能从[13]C 谱中得到有关的结构信息。因此，碳谱与氢谱可相互补充，相互验证，为化合物的结构解析提供丰富的信息。

9.1.5.2 核磁共振碳谱的特点

碳谱的灵敏度低，但分辨能力高，因为碳谱的化学位移范围大，约 300，为[1]H 谱的20～30 倍，谱线之间分得很开，容易识别。由于自然丰度仅为 1.1%，因而不必考虑[13]C 与[13]C 之间的耦合，只需考虑同[1]H 的耦合。碳谱能给出不连氢的碳的吸收峰，但不能用积分高度来计算碳的数目。

（1）化学位移　碳谱中化学位移仍然是以 TMS 为参考标准，其化学位移为 0，其他碳与之相对比即可得到各自的化学位移。常见碳谱中不同碳的化学位移见表 9-3。

表 9-3　常见碳谱中不同碳的化学位移

官能团	化学位移 δ
C—I	0～40
C—Br	25～65
C—Cl	35～80
—CH$_3$	8～30
—CH$_2$—	15～55
—CH—	20～60
C—炔	65～85
＝C—烯	100～150
—C＝O	170～210
—C—O—	40～80
C$_6$H$_6$（苯）	110～160
—C—N—	30～65

总之，sp^3 杂化碳的化学位移为 $\delta=0～100$，sp^2 杂化碳的化学位移为 $\delta=100～210$，羰基碳的化学位移为 $\delta=170～210$，而 sp 杂化的炔碳较为特殊，$\delta<100$。

（2）碳谱的去耦　在有机化合物的[13]C-NMR 谱中，由于[13]C 的天然丰度很低，[13]C-[13]C 之间的耦合可以不予考虑。但[13]C-[1]H 核之间的耦合常数很大，如[1]J_{C-H} 高达 120～320Hz，[13]C 的谱线会被与之耦合的氢按 $n+1$ 规律裂分成多重峰。这种峰的裂分对信号的归属是有用的，但当谱图复杂时，加上[2]J_{C-C-H}、[3]J_{C-C-H} 也有一定的表现，就会使各种谱峰交叉重叠，谱图难以解析。为了提高检测灵敏度和简化谱图，可采用多种测定方法以最大限度地获取核磁信息。常用的方法有全去耦方法（宽带去耦、质子去耦、BB 去耦）和不完全去耦方法（偏共振去耦）等。

在全去耦方法中，每一种化学等价的碳原子只有一条谱线，由于有核欧沃豪斯效应作用（nuclear Overhauser effect，NOE），谱线增强，信号更易得到。但由于 NOE 作用不同，峰高不能定量反映碳原子的数量，只能反映碳原子种类的个数（即有几种不同种类的碳原子）。利用不完全去耦技术可以在保留 NOE 使信号增强的同时，仍然看到—CH_3 四重峰、—CH_2—三重峰和—CH—二重峰，以及不与 ^1H 直接键合的季碳等单峰，从而为化合物的结构解析提供准确信息。

9.2　分析方法

9.2.1　定性及定量分析

核磁共振（NMR）分析能够提供三种结构信息：化学位移 δ、耦合常数 J、各种核的信号强度比。通过分析这些信息，可以了解特定原子（如 ^1H、^{13}C 等）的化学环境、原子个数、邻接基团的种类及分子的空间构型。NMR 可以提供多种结构信息，不破坏样品，应用很广泛，已经成为现代结构分析中十分重要的手段。NMR 也可以作定量分析，但误差较大，不能用于痕量分析。

在核磁共振波谱中，可根据吸收峰的组数判定分子中处在不同化学环境中的质子组数；依据质子的化学位移确定分子中的基团相关信息，且各吸收峰的面积或积分高度比与其质子的数目成正比；根据裂分峰数目和耦合常数可推断相邻的质子数目和可能存在的基团、各基团之间的连接顺序以及化合物的构型和构象。因此，通过核磁共振波谱法不仅能区分不同类型的质子，还能确定不同类型质子的数目，以及质子所处的化学环境，从而进一步推测其化学结构。

9.2.2　样品处理

在液体核磁共振测定时尽可能使用氘代试剂溶解样品。对于氢谱，3～10mg 样品足够，而分子量较大的样品有时需要浓度更大的溶液，但浓度太大会因饱和或者黏度增加而降低分辨率；对于碳谱和杂核，样品浓度至少为氢谱的 5 倍（一般在 100mg 左右）。对于二维核磁实验，为了获得较好的信噪比，样品浓度必须足够。测定时尽量保持样品高度或者体积一致，这将减少换样品后的匀场时间。对于 5mm 核磁管，样品体积应为 0.6mL 或者样品高度为 4cm。

对液体样品，可以直接进行测定；对难以溶解的物质，如高分子化合物、矿物等，可用固体核磁共振波谱仪测定。但在大多数情况下，固体样品和黏稠样品都是配成溶液（通常用内径 5mm 的样品管，内装 0.6mL 质量分数约为 10% 的样品溶液）进行测定。

溶剂应该不含质子、对样品的溶解性好、不与样品发生缔合作用，常用的溶剂有四氯化碳、二硫化碳和氘代试剂等。氘代试剂有氘代氯仿、氘代甲醇、氘代吡啶、氘代丙酮、重水、氘代二甲基亚砜（d_6-DMSO）、氘代氢氧化钠等，可根据样品的极性选择使用。

9.2.3 应用

核磁共振波谱法的主要应用：结构的测定和确证，有时还可以测定构象和构型；化合物的纯度检查，它的灵敏度很高，能够检测出用色谱柱和纸层析检查不出来的杂质；混合物的分析，如果主要信号不重叠，不需要分离就能测定出混合物的比率；质子交换，单键的旋转和环的转化等。

9.3 仪器结构与原理

核磁共振波谱仪主要有两大类：高分辨核磁共振波谱仪和宽谱线核磁共振波谱仪。前者只能测液体样品，主要用于有机分析；后者可直接测量固体样品，在物理学领域用得较多。按波谱仪施加射频的方式划分，分为连续波核磁共振波谱仪和傅里叶变换核磁共振波谱仪。

9.3.1 核磁共振波谱仪的结构

核磁共振波谱仪主要由磁体、探头、射频发射器、射频接收器、场频联锁系统及数据处理系统等几部分组成，其结构见图 9-3。

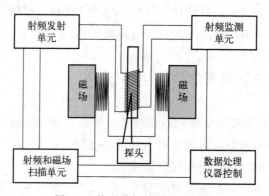

图 9-3 核磁共振波谱仪的结构

9.3.1.1 磁体

在核磁共振波谱仪中要求磁场强度均匀稳定，高分辨率的仪器要求磁场强度均匀度在 10^{-8}。磁体可提供一个强而稳定的外磁场。按照产生磁场的来源划分，常用的磁体为永磁铁、电磁铁和超导磁体三种类型。

其中，永磁铁功耗大，需要冷却过程，应用较少。目前核磁共振波谱仪用的磁体主要是超导磁体，超导磁体最大的优点是可达到很高的磁感应强度，可用于制作 200MHz 的仪器。

9.3.1.2　探头

探头是一种使样品管保持在磁场中某一固定位置的器件，主要由样品管、扫描线圈、接收线圈和气动涡轮旋转装置组成，以保证测量条件一致。探头是核磁共振波谱仪的心脏部分，放在磁体中央，用来放置被测样品以及产生和接受核磁信号。样品管为内径 5mm 的玻璃管，可容纳 0.6mL 的液体样品，在测量过程中不断旋转，以保证磁场作用均匀。

9.3.1.3　射频发射器和射频接收器

射频发射器用来产生一个与外磁场强度相匹配的射频频率来照射磁核，从而提供能量使磁核从低能级跃迁到高能级。核磁共振波谱仪通常采用恒温下的石英晶体振荡器，射频振荡器的线圈垂直于磁场，产生与磁场强度相适应的射频振荡。

射频接收器用于接收样品核磁共振信号的射频输出，并将接收到的射频信号传送到放大器中放大。射频接收器线圈在样品管的周围，并与振荡器线圈和扫描线圈相垂直，当射频振荡器发射的频率与磁场强度达到特定组合时，放置在磁场和射频线圈中间的试样就会发生共振而吸收能量，这个能量的吸收情况被射频接收器所检出，通过放大后记录下来。所以核磁共振波谱仪测量的是共振吸收。

9.3.1.4　场频联锁系统

核磁共振波谱仪的超导磁场对环境十分敏感，需要场频联锁系统以有效保持系统的长期稳定性。场频联锁系统利用 NMR 采样信号作为监控信号，迫使磁场强度跟踪高稳定度的射频频率源，以保证共振条件的长期稳定。目前常用的联锁系统多为氘锁，以氘的共振频率作为基点，利用调制技术，自动补偿磁场或频率的漂移，以保证二者的稳定。因此液体核磁共振波谱测定时，需将样品溶解在合适的氘代试剂中。

9.3.2　连续波核磁共振波谱仪

图 9-4 给出了连续波核磁共振波谱仪的结构，样品装在位于磁场中心的玻璃管中，样品管可以自由旋转，由射频振荡器产生的射频场通过射频振荡线圈作用于样品，产生的核磁共振信号通过射频接收线圈由射频接收器接收，再经记录系统记录，给出该样品的核磁共振波谱图。射频振荡线圈、射频接收线圈和扫频线圈三者互相垂直，因而三者产生的磁场互不干扰。

核磁共振的发生可通过两种方式实现：①固定静磁感强度，扫描电磁波频率，即扫频方式；②固定电磁波频率，扫描静磁感强度，即扫场方式。上述两种发生核磁共振的方式均为连续扫描方式，均是连续变化一个参数，使不同基团的核依次满足其共振条件，从而画出其共振波谱图。在该谱图的任一峰间最多只有一种原子核处于共振状态，其他的原子核都处于"等待"状态，所对应的仪器称为连续波核磁共振波谱仪。

无论是扫场方式还是扫频方式，在连续波核磁共振波谱仪上，要获得一张信噪比较好的图谱，往往需要花费很长时间。同时，该仪器灵敏度低，需要样品量大，对于天然丰度

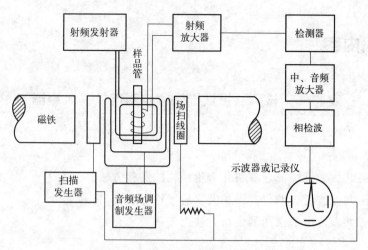

图 9-4　连续波核磁共振波谱仪的结构

极低的核难以测试。正是由于连续波核磁共振波谱仪的灵敏度低，得到一张无畸变的核磁共振波谱图所需时间长，而限制了色谱仪器与连续波核磁共振波谱仪的直接联用。

9.3.3　傅里叶变换核磁共振波谱仪

9.3.3.1　傅里叶变换核磁共振波谱仪的结构

傅里叶变换核磁共振波谱仪与连续波核磁共振波谱仪不同，不再采用扫描单元对样品中不同化学环境下的同位素核逐个扫描，而是增设了脉冲程序控制器和数据采集及处理系统，目的就是要使所有的原子核同时共振，从而能在很短的时间间隔内完成一张核磁共振波谱图的记录。其仪器结构见图 9-5。

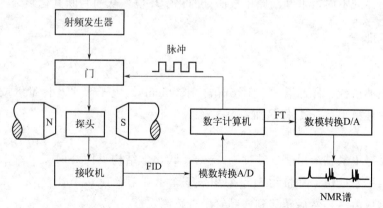

图 9-5　傅里叶变换核磁共振波谱仪的结构

9.3.3.2　傅里叶变换核磁共振波谱仪的特点

在傅里叶变换核磁共振波谱仪的脉冲作用下，不同化学环境下的所有原子核均可同时发生共振。傅里叶变换核磁共振波谱仪检测速度快，样品用量低至 μg 级，可设计多种实验方法，可进行二维及多维核磁共振。

9.4　实验内容

实验一　核磁共振波谱法测定对甲氧基苯甲醛

一、实验目的

1.掌握核磁共振波谱法测定有机化合物结构的实验方法。

2.掌握核磁共振波谱仪的仪器结构及实验操作方法。

3.掌握核磁共振波谱法谱图的解析方法。

二、实验原理

核磁共振现象来源于原子核的自旋角动量在外加磁场 B_0 作用下的核自旋能级跃迁。根据量子力学原理，原子核与电子一样，也具有自旋角动量，其自旋角动量的具体数值由原子核的自旋量子数决定，只有自旋量子数不为 0 的原子核才有自旋，在外加磁场作用下才可产生能级分裂，从而发生核自旋能级跃迁，产生核磁共振波谱。其中自旋量子数为 1/2 的原子核产生的核磁谱图最简单，容易解析，因而应用最广。自旋量子数为 1/2 的原子核主要为 ^1H 和 ^{13}C，是目前主要测定的原子核。

当原子核发生核自旋能级跃迁时，其所需要的能量 $\Delta E = 2\mu B_0$，吸收电磁波提供的能量使原子核发生能级跃迁，即 $h\nu = 2\mu B_0$，但这是裸原子核在外加磁场中的行为。

实际上，核外有电子绕核运动，电子的屏蔽作用会抵消一部分外加磁场。因而，由于屏蔽作用，原子的共振频率与裸核的共振频率不同，即发生位移，称为化学位移。通过原子核的化学位移的不同，可判断原子核所处的化学环境，从而判断其化学结构。

三、仪器和试剂

1.仪器

核磁共振波谱仪、样品管（直径 5mm，长 20cm）、电子天平、称量纸或称量瓶、不锈钢药匙、移液枪、1.5mL 样品瓶。

2.试剂

待测样品对甲氧基苯甲醛（纯度＞98％），其化学结构见图 9-6。氘代氯仿、四甲基硅烷。称量约 5mg 对甲氧基苯甲醛溶解在 0.5mL 氘代氯仿中制成溶液，然后转移到样品管中进行测定。

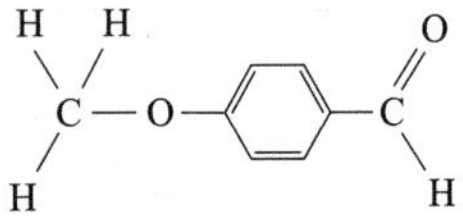

图 9-6　对甲氧基苯甲醛的化学结构

四、实验步骤

1.先后打开核磁共振波谱仪电源开关和电脑开关。

2.在电脑中双击左键打开核磁共振波谱采集软件，设置采集参数：氘代试剂类型、测定氢谱、匀场参数、文件保存路径及采集文件名等。

3.先进行对照样品的测试，获得稳定的谱峰之后，进行样品测定。

4.采用氘代试剂溶解待测样品，然后装入样品管中，将样品管放入核磁共振波谱仪的探头内，进行锁场；随后进行匀场，创建文件，设定核磁共振氢谱采样程序及参数；然后点击数据采集，测定样品谱图，保存数据，处理及输出谱图。

5.打开数据处理软件，记录谱峰的化学位移、积分高度等信息，解析样品谱图。

五、实验结果

1.给出对甲氧基苯甲醛的核磁共振氢谱图（见图9-7）。

2.列出主要谱峰的化学位移、裂分峰数目：δ2.425（单峰），7.32（二重峰），7.76（二重峰），9.95（单峰），谱峰的积分高度比为 3∶2∶2∶1。

3.对化合物的谱图进行解析，解析结果填入表9-4。

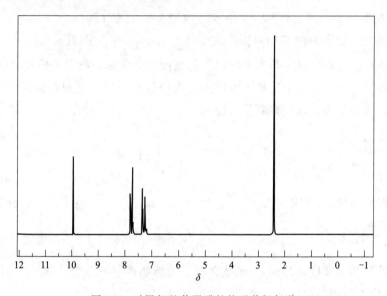

图 9-7　对甲氧基苯甲醛的核磁共振氢谱

表 9-4　对甲氧基苯甲醛的核磁共振氢谱图解析

谱峰的化学位移	峰形	积分高度比	谱峰归属
2.425	单峰	3	
7.32	二重峰	2	
7.76	二重峰	2	
9.95	单峰	1	

六、问题与讨论

1.在核磁共振波谱法测定时，为什么要用氘代试剂溶解样品？

2.溶解待测组分的氘代试剂不同，其谱峰的化学位移是否有变化？

实验二　核磁共振波谱法测定甲苯的结构

一、实验目的

1.掌握有机化合物的核磁共振氢谱测定技术。

2.熟悉并掌握核磁共振氢谱的解析方法及在有机化合物结构鉴定中的应用。

3.掌握核磁共振波谱仪的结构及工作原理。

二、实验原理

甲苯属于芳香族化合物，是常见的有机污染物，其化学结构见图9-8。

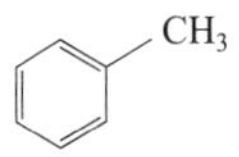

将待测化合物溶解于 $CDCl_3$ 中，以四甲基硅烷（TMS）为内标物，测试其 ^1H-NMR 谱图，并进行解析。甲苯结构中有一个苯环和一个甲基，其中苯环上氢质子的化学位移相对固定，基本在 6～8，可根据其谱峰的化学位移及谱峰的峰形，确定苯环上的取代基结构及取代基的位置。另外，甲基上的氢质子受到的屏蔽作用大，其化学位移相对较小，谱峰容易解析。可根据谱峰的峰形及位置，确定其相连基团的结构，从而判断化合物的化学结构。

图9-8　甲苯的化学结构

三、仪器和试剂

1.仪器

核磁共振波谱仪、NMR 样品管（直径 5mm，长 20cm）、电子天平、称量瓶、吸管、移液管、样品瓶。

2.试剂

待测样品甲苯（纯度＞99％）、氘代氯仿、内标物四甲基硅烷。称量约 5mg 甲苯溶解在 0.5mL 氘代氯仿中制成溶液，然后转移到样品管中进行测定。

四、实验步骤

1.打开核磁共振波谱仪的电源开关和电脑开关。

2.在电脑中双击左键打开核磁共振波谱采集软件，设置采集参数：氘代试剂类型、测定氢谱、匀场参数、文件保存路径及采集文件名等。

3.先进行对照样品的测试，获得稳定的谱峰之后，进行样品测定。

4.采用氘代试剂溶解待测样品，然后装入样品管中，开空压机，打开控制系统，将样品管放入核磁共振波谱仪的探头内，进行锁场；随后进行匀场，创建文件，设定核磁共振氢谱采样程序及参数；然后点击数据采集，测定样品谱图，保存数据，处理及输出谱图。

5.打开数据处理软件，记录谱峰的化学位移、积分高度等信息，解析样品谱图。

五、实验结果

1.给出甲苯的核磁共振氢谱图，见图9-9。

2. 列出主要谱峰的化学位移：$\delta 7.38$（单峰），2.34（单峰），谱峰的积分高度比为 $5 : 3$。

3. 对谱图中的谱峰进行归属，填入表 9-5。

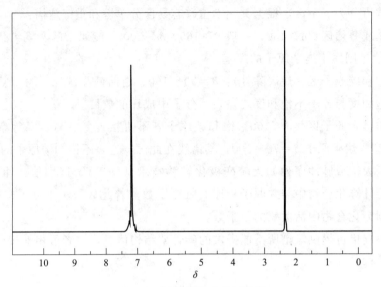

图 9-9 甲苯的核磁共振氢谱

表 9-5 甲苯的核磁共振氢谱图解析

谱峰的化学位移	峰形	积分高度比	谱峰归属
2.34	单峰	3	
7.38	单峰	5	

六、问题与讨论

1. 甲基如果与吸电子基团相连，其氢质子的化学位移有何变化趋势？
2. 如果样品纯度不够，会对其核磁共振氢谱有何影响？

实验三 乙酸的核磁共振碳谱分析

一、实验目的

1. 掌握有机化合物的核磁共振碳谱测定技术。
2. 熟悉并掌握核磁共振碳谱的解析方法及在有机化合物结构鉴定中的应用。
3. 掌握核磁共振波谱仪的仪器结构及工作原理。

二、实验原理

核磁共振碳谱具有如下特点：自然丰度较低，$^{13}C/^{12}C = 1.1\%$；磁旋比小，$\gamma_{^{13}C}/\gamma_{^1H} \approx 1 : 4$。因而，碳谱的灵敏度较低，仅是氢谱的 1/5600。但是碳谱在推测化合物骨架结构方面有其独特的作用，可以获得分子的骨架信息，比如 C＝O、C≡N 或季碳原子信息，这些结构在氢谱中是没有信息的。^{13}C 谱的化学位移值在 300 以内，^{1}H 谱的化学位移值在 20 以内；^{13}C 谱的分辨率高、重叠峰较少，物质信息相对独立，比较容易解析。

碳谱大致可分为三个区，根据其化学位移容易区分单键和重键结构：

（1）羰基或叠烯区：$\delta > 150$，一般 $\delta > 165$。$\delta > 200$ 只能属于醛、酮类化合物，靠近 $160 \sim 170$ 的信号则属于连杂原子的羰基。

（2）不饱和碳原子区（炔碳除外）：$\delta = 90 \sim 160$。由前两类碳原子可计算相应的不饱和度，此不饱和度与分子不饱和度之差表示分子中成环的数目。

（3）脂肪链碳原子区：$\delta < 100$。饱和碳原子若不直接连氧、氮、氟等杂原子，一般其 δ 值小于 55。炔碳原子 $\delta = 70 \sim 100$，其谱线在此区，这是不饱和碳原子的特例。

由偏共振去耦或脉冲序列如无畸变极化转移技术（DEPT，区别伯、仲、叔、季碳）确定，由此可计算化合物中与碳原子相连的氢原子数。若此数目小于分子式中氢原子数，二者之差值则为化合物中活泼氢的原子数。

核磁共振碳谱可提供氢谱所不能提供的碳骨架结构信息，二者可相辅相成，从而准确判断化合物结构。

三、仪器和试剂

1.仪器

核磁共振波谱仪、NMR 样品管（直径 5mm，长 20cm）、电子天平、称量瓶、吸管、移液管。

2.试剂

待测样品冰醋酸（纯度＞99%）、d$_6$-DMSO、内标物四甲基硅烷。称量约 5mg 冰醋酸溶解在 0.5mL d$_6$-DMSO 中制成溶液，然后转移到样品管中进行测定。

四、实验步骤

1.打开核磁共振波谱仪的电源开关和电脑开关。

2.在电脑中双击左键打开核磁共振波谱采集软件，设置采集参数：氘代试剂类型、测定碳谱、匀场参数、文件保存路径及采集文件名等。

3.先进行对照样品的测试，获得稳定的谱峰之后，进行样品测定。

4.采用 d$_6$-DMSO 溶解待测样品，然后装入样品管中，开空压机，打开控制系统，将样品管放入核磁共振波谱仪的探头内，进行锁场；随后进行匀场，创建文件，设定核磁共振碳谱采样程序及参数；然后点击数据采集，测定样品谱图，保存数据，处理及输出谱图。

5.打开数据处理软件，记录谱峰的化学位移、积分高度等信息，解析样品谱图。

五、实验结果

1.给出乙酸的核磁共振碳谱图，见图 9-10。

2.列出主要谱峰的化学位移：δ21.493、40.602、172.466。

3.对谱图中的谱峰进行归属，填入表 9-6。

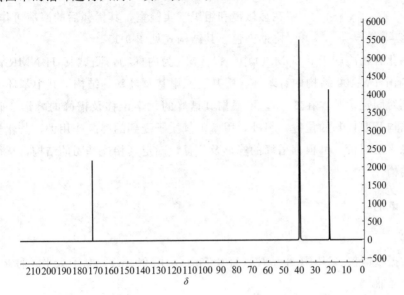

图 9-10 乙酸的核磁共振碳谱

表 9-6 乙酸的核磁共振碳谱图解析

谱峰的化学位移	谱峰归属
21.493	
40.602	溶剂峰
172.466	

六、问题与讨论

1.当 C—H 单键与吸电子基团相连时，其碳谱中的化学位移有何变化？

2.苯环上的碳原子其碳谱的化学位移值在什么范围？

实验四 表面活性剂的核磁共振氢谱分析

一、实验目的

1.掌握表面活性剂的核磁共振氢谱测定技术。

2.熟悉并掌握核磁共振氢谱的解析步骤。

3.了解核磁共振波谱仪的仪器结构、工作原理及实验操作方法。

二、实验原理

聚乙二醇辛基苯基醚（Triton X-100），结构式为 $C_{14}H_{22}O(C_2H_4O)_n$，是一非离子表面活性剂，为无色黏稠液体，易溶于水、乙醇及甲苯等溶剂，不溶于石油醚。其应用范围

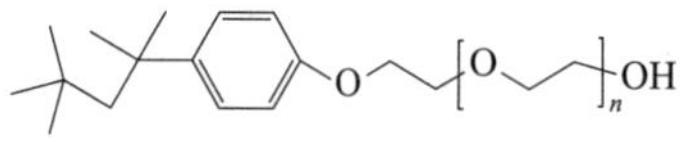

图 9-11　Triton X-100
的化学结构

较广，在农药、橡胶工业中用作乳化剂；在色谱分析中常用作气相色谱固定液，分离分析烃类化合物、含氧化合物；在显微镜和组织学实验室，其稀释后的溶液可作为润湿剂，协助染色。其结构式见图 9-11。

将待测化合物溶解于 d_6-DMSO 中，以 TMS 为内标物，测试其 ^{1}H-NMR 谱图，并进行解析。Triton X-100 结构中有苯环、甲基、亚甲基及羟基等结构，其中苯环上氢质子的化学位移相对固定，基本在 6～8，可根据其谱峰的化学位移及谱峰的峰形，确定苯环上的取代基结构及取代基的位置。另外，甲基上氢质子受到的屏蔽作用大，其化学位移相对较小，谱峰容易解析。可根据谱峰的峰形及位置，确定其相连基团的结构，从而判断化合物的化学结构。

三、仪器和试剂

1. 仪器

核磁共振波谱仪、NMR 样品管（直径 5mm，长 20cm）、电子天平、称量瓶、吸管、移液管、样品瓶。

2. 试剂

待测样品 Triton X-100（纯度＞99％）、d_6-DMSO、内标物四甲基硅烷。称量约 5mg Triton X-100 溶解在 0.5mL d_6-DMSO 中制成溶液，然后转移到样品管中进行测定。

四、实验步骤

1. 打开核磁共振波谱仪的电源开关和电脑开关。

2. 在电脑中双击左键打开核磁共振波谱采集软件，设置采集参数：氘代试剂类型、测定氢谱、匀场参数、文件保存路径及采集文件名等。

3. 先进行对照样品的测试，获得稳定的谱峰之后，进行样品测定。

4. 采用氘代试剂溶解待测样品，然后装入样品管中，打开空压机，打开控制系统，将样品管放入核磁共振波谱仪的探头内，进行锁场；随后进行匀场，创建文件，设定核磁共振氢谱采样程序及参数；然后点击数据采集，测定样品谱图，保存数据，处理及输出谱图。

5. 打开数据处理软件，记录谱峰的化学位移、积分高度等信息，解析样品谱图。

五、实验结果

1. 给出 Triton X-100 的核磁共振氢谱图，见图 9-12。

2. 列出主要谱峰的化学位移：δ7.262（双峰），6.824（双峰），4.087（三重峰），3.719（三重峰），3.520（单峰），1.687（单峰），1.300（单峰），0.681（单峰），谱峰的积分高度比为 H1：H3：H2：H4：H5：H6：H7：H8＝9：6：2：2：2：2：2：2（标注见图 9-12）。

3. 对谱图中的谱峰进行归属（以 H1～H8 进行标注），填入表 9-7 中。

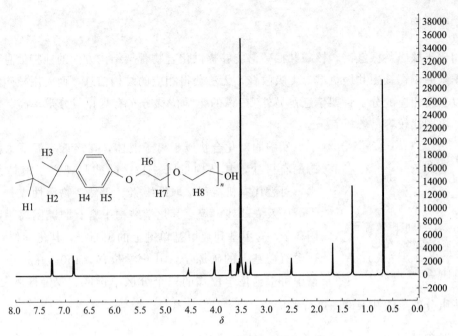

图 9-12 Triton X-100 的核磁共振氢谱

表 9-7 Triton X-100 的核磁共振氢谱图解析

谱峰的化学位移	峰形	积分高度比	谱峰归属
0.681	单峰	9	
1.300	单峰	6	
1.687	单峰	2	
3.520	单峰	2	
3.719	三重峰	2	
4.087	三重峰	2	
6.824	双峰	2	
7.262	双峰	2	

六、问题与讨论

1. 在 Triton X-100 的核磁共振氢谱中，为什么苯环上氢质子的化学位移有差异？

2. 化学位移 2.52 为 d_6-DMSO 的溶剂峰，为什么该氘代溶剂在氢谱上还有吸收峰？

实验五 醋酸胆碱离子液体的核磁共振碳谱解析

一、实验目的

1. 掌握离子液体的核磁共振碳谱测定技术。

2. 熟悉并掌握核磁共振碳谱的分析原理与实验方法。

3. 掌握核磁共振碳谱的解析步骤及方法。

二、实验原理

相比于核磁共振氢谱，核磁共振碳谱能够提供化合物骨架结构方面的独特信息，如炔烃和季碳原子在核磁共振氢谱上无吸收峰，无法获得相应的结构信息，而采用核磁共振碳谱可以获得相应的分子骨架信息；另外^{13}C谱的化学位移分布有规律、分辨率高、重叠峰较少、谱图比较容易解析。

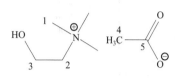

图 9-13　醋酸胆碱离子
液体的化学结构

1、2、3、4、5 表示处于
不同化学环境中的 C 原子

醋酸胆碱化合物属于离子液体，在接近室温下为液体状态的有机盐，其结构见图 9-13。醋酸胆碱离子液体易溶于水，可替代有机溶剂萃取纤维素、天然产物活性成分、生物大分子及农药残留等。其化学结构中含有胆碱阳离子和醋酸阴离子，有甲基和亚甲基单键上的碳原子，其化学位移＜90；也含有羰基上的碳原子，其化学位移＞150。在核磁共振碳谱中可根据化学位移的三个分区单键区、双键区和三键区，对待测组分的核磁共振谱图进行解析。

三、仪器和试剂

1. 仪器

核磁共振波谱仪、NMR 样品管（直径 5mm，长 20cm）、电子天平、称量瓶、吸管、移液管、样品瓶。

2. 试剂

待测样品醋酸胆碱离子液体（纯度＞96％）、d_6-DMSO、内标物四甲基硅烷。称量约 5mg 醋酸胆碱离子液体溶解在 0.5mL d_6-DMSO 中制成溶液，然后转移到样品管中进行测定。

四、实验步骤

1. 打开核磁共振波谱仪的电源开关和电脑开关。

2. 在电脑中双击左键打开核磁共振波谱采集软件，设置采集参数：氘代试剂类型、选择测定碳谱、匀场参数、文件保存路径及采集文件名等。

3. 先进行对照样品的测试，获得稳定的谱峰之后，进行样品测定。

4. 采用 d_6-DMSO 溶解待测样品，然后装入样品管中，打开空压机，打开控制系统，将样品管放入核磁共振波谱仪的探头内，进行锁场；随后进行匀场，创建文件，设定核磁共振碳谱采样程序及参数；然后点击数据采集，测定样品谱图，保存数据，处理及输出谱图。

5. 打开数据处理软件，记录谱峰的化学位移、积分高度等信息，解析样品谱图。

五、实验结果

1. 给出醋酸胆碱离子液体的核磁共振碳谱图，见图 9-14。

2. 列出主要谱峰的化学位移：$\delta=25.5$、53.5、55.4、67.7、173.8。

3. 对谱图中的谱峰进行归属，填入表 9-8。

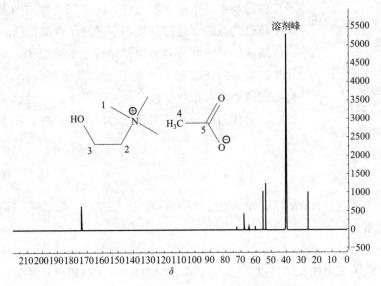

图 9-14 醋酸胆碱离子液体的核磁共振碳谱

表 9-8 醋酸胆碱离子液体的核磁共振碳谱图解析

谱峰的化学位移	谱峰归属
25.5	
53.5	
55.4	
67.7	
173.8	

六、问题与讨论

1. 在核磁共振碳谱中,对于有对称结构的碳原子是否吸收峰数目与分子式中碳原子数目相等?

2. 核磁共振碳谱中的溶剂峰的强度为什么大于核磁共振氢谱中的强度?

实验六 磺胺二甲嘧啶的核磁共振碳谱解析

一、实验目的

1. 掌握磺胺类药物的核磁共振碳谱测定技术。

2. 熟悉并掌握核磁共振碳谱的实验技术和解析方法。

二、实验原理

核磁共振碳谱的化学位移分布范围较宽,谱峰分辨率高、重叠较少,在有机化合物结构鉴定方面有其独特的优势,可以提供化合物骨架结构方面的独特信息。如炔烃和季碳原

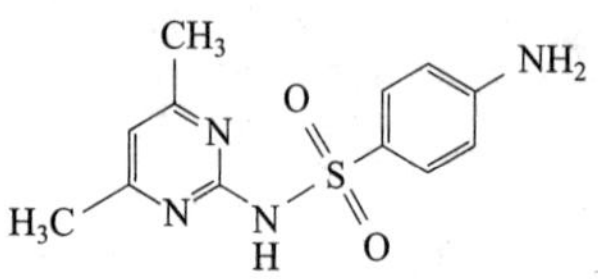

图 9-15　磺胺二甲嘧啶的化学结构

子在核磁共振氢谱上无吸收峰，无法获得相应的结构信息，而采用核磁共振碳谱可以获得相应的分子骨架信息。

磺胺二甲嘧啶主要有甲基单键上的碳原子，见图 9-15，其化学位移 <90；苯环上的碳原子，其化学位移 >100。在核磁共振碳谱中可根据化学位移的三个分区：单键区、双键区和三键区，对待测组分的核磁共振谱图进行解析。

三、仪器和试剂

1.仪器

核磁共振波谱仪、NMR 样品管（直径 5mm，长 20cm）、电子天平、称量瓶、吸管、移液管、样品瓶。

2.试剂

待测样品磺胺二甲嘧啶（纯度 >99%）、d_6-DMSO、内标物四甲基硅烷。称量约 5mg 样品溶解在 0.5mL d_6-DMSO 中制成溶液，然后转移到样品管中进行测定。

四、实验步骤

1.打开核磁共振波谱仪的电源开关和电脑开关。

2.在电脑中双击左键打开核磁共振波谱采集软件，设置采集参数：氘代试剂类型、选择测定碳谱、匀场参数、文件保存路径及采集文件名等。

3.进行对照样品的测试，获得稳定的谱峰之后，进行样品测定。

4.采用 d_6-DMSO 溶解待测样品，然后装入样品管中，打开空压机，打开控制系统，将样品管放入核磁共振波谱仪的探头内，进行锁场；随后进行匀场，创建文件，设定核磁共振碳谱采样程序及参数；然后点击数据采集，测定样品谱图，保存数据，处理及输出谱图。

5.打开数据处理软件，记录谱峰的化学位移、积分高度等信息，解析样品谱图。

五、实验结果

1.给出磺胺二甲嘧啶的核磁共振碳谱图，见图 9-16。

2.列出主要谱峰的化学位移：$\delta = 21.8$、110、112、125、130、151、158、167.8。

3.对谱图中强度大的几个谱峰进行归属，填入表 9-9。

表 9-9　磺胺二甲嘧啶的核磁共振碳谱图解析

谱峰的化学位移	谱峰归属
21.8	
110	
130	
151	
167.8	

六、问题与讨论

1.在核磁共振碳谱中，磺胺二甲嘧啶苯环上的几个碳原子化学位移为什么不同？

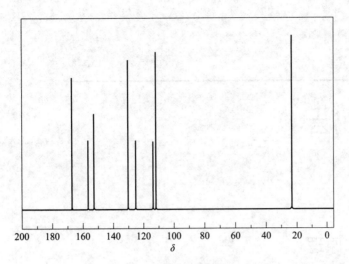

图 9-16 磺胺二甲嘧啶的核磁共振碳谱

2. 在磺胺二甲嘧啶的核磁共振碳谱中嘧啶环上的碳原子有几个吸收峰?

第 10 章

质 谱 法

10.1 基本原理

质谱（MS）法是在真空条件下将样品分子转化为气态离子，并按离子的质荷比大小分离的一种结构分析方法，也是四大波谱分析法中唯一可以直接确定分子量，进而确定分子式的方法，因而质谱法不属于吸收波谱的范畴。其分离原理与吸收波谱法差异较大，化合物不需要吸收电磁波提供的能量，而是通过气相或液相反应使分子转化为离子，通过检测离子的质量与所带电荷之比的差异，确定化合物的分子量。

10.1.1 质谱法的原理

10.1.1.1 质谱法基本原理

在以电子轰击电离源（EI）为离子源的质谱法中，是用高能电子束轰击气态分子，使之失去一个电子而成为带正电荷的分子离子，见式（10-1）；分子离子进一步裂解成各种碎片离子，所有的正离子经电场加速或磁场分离后按质荷比大小依次排列而得到谱图。分子离子通常用符号 $M^{+}\cdot$ 表示。

$$M \xrightarrow{-e^{-}} M^{+}\cdot \tag{10-1}$$

10.1.1.2 质谱图

质谱图由横坐标、纵坐标和棒线组成，横坐标是离子的质荷比（m/z），纵坐标代表离子丰度或相对丰度。质谱图中最强的一个峰称为基峰（base peak），其强度设定为 100%，其余各峰高则是相对于基峰峰高的百分数。图 10-1 是 3-吲哚乙酸的质谱图，其中 m/z 为 175 的谱峰是分子离子峰，m/z 为 130 的谱峰强度最大，是基峰，其他谱峰为碎片峰。

通过质谱图中获得的信息可以确定待测化合物的分子量及碎片结构，进而推测裂解途径及可能的结构式，从而为化合物的结构鉴定提供重要的数据。因而，质谱仪是用于确定离子质量的仪器，质谱可以给出化合物的分子量及分子结构信息，从而在分子水平上进行定性及定量分析。

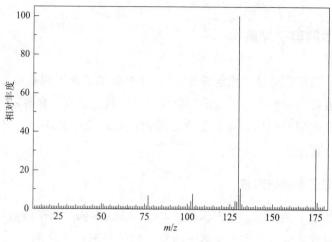

图 10-1   3-吲哚乙酸的质谱

10.1.2   质谱中的离子类型

质谱中主要有 6 种离子，分别为：分子离子、准分子离子、同位素离子、碎片离子、重排离子和亚稳离子。分子离子如果是奇电子离子，则与分子量相同；而如果是偶电子离子，则与分子量有质量差。准分子离子是分子捕捉一个质子或失去一个质子形成的离子，即 M＋H 或 M－H 离子，因为和分子量相差一个质量单位，所以称为准分子离子。

而从离子特性方面对质谱中的离子进行分类，主要分为：正离子、负离子、奇电子离子、偶电子离子、单电荷离子和多电荷离子。其中正离子是带正电荷的离子；负离子是带负电荷的离子；奇电子离子是离子中的电子不配对，通常 EI 产生的分子离子就是奇电子离子；偶电子离子是离子中的电子配对；单电荷离子是指带一个电荷的离子；多电荷离子是带 2 个或多个电荷的离子，在采用电喷雾电离源（ESI）分析生物大分子时，通常形成多电荷离子。

图 10-2 是采用 EI 测定的莠去津的质谱图。其中分子离子 m/z 216，与其分子量相近；基峰为 m/z 201 的离子，根据其结构式，可以判断是分子离子失去一个甲基形成的碎片离子；另一个碎片离子 m/z 58，是图上 C—N 键断裂后，在氨基上形成的碎片离子。

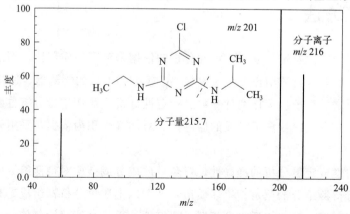

图 10-2   莠去津的质谱

10.1.3　质谱中的离子裂解

质谱中的离子裂解应遵循"偶电子规则"，其中奇电子离子裂解后形成一个偶电子离子＋游离基，或者形成一个奇电子离子＋中性分子；偶电子离子裂解后形成一个偶电子离子＋中性分子。在质谱分析中，峰的强度反映出该碎片离子的多少，峰强表示该种离子多，峰弱表示该种离子少。

10.1.3.1　影响离子丰度的因素

在质谱法中，以下因素会影响产物离子丰度：①成键的共价键的相对强度，如含有单键和复键时，单键优先断裂；②产物离子的稳定性，是影响产物离子丰度的最重要因素；③空间因素，影响竞争性的单分子反应途径，也影响产物的稳定性；④Stevenson 规则，在奇电子离子裂解产生游离基和离子两种碎片的过程中，有较高电离电势（IP）的碎片趋向于保留孤电子，而将正电荷留在电离电势（IP）较低的碎片上；⑤最大烷基的丢失，所形成的碎片离子的丰度最大。

10.1.3.2　裂解方式

分子离子的裂解方式通常分为简单开裂和重排开裂。其中简单开裂是只断裂一个共价键，比如式（10-2）中，甲基和亚甲基之间的共价键断裂，即简单开裂。

$$H_3C \overset{15}{\underset{\underset{Y}{|}}{\text{---}}} CH_2Y \longrightarrow \overset{\bullet}{C}H_3 + CH_2 = \overset{+}{Y}$$

$$(10\text{-}2)$$

目前主要有 3 个能够引发简单开裂的机制：①自由基引发（即 α-裂解），通常发生均裂或半异裂，反应的动力是自由基存在强烈的配对倾向；②正电荷诱导开裂（也称为诱导裂解，i-裂解），通常发生异裂，其重要性小于 α-裂解；③当没有杂原子或不饱和键时，发生 C—C 键之间的 σ-裂解，第 3 周期以后的杂原子与碳之间的化学键也可以发生 σ-裂解。

10.2　分析方法

质谱法可用于定性及定量分析，定性分析的依据是离子的质荷比，而定量分析的依据是离子的丰度。目前常将质谱作为色谱（如 GC 或 HPLC）的检测器，这样可以通过色谱的保留时间和质谱的离子质荷比两种参数进行定性分析；而在定量分析方面，通常以待测组分的分子离子与最强碎片离子形成的监测离子对的峰面积为依据，采用外标法或内标法定量分析。

为了提高定性或定量分析的准确性，避免基质成分或杂质对待测组分的干扰，通常采用串联质谱进行待测组分的测定。串联质谱由 3 个以上质量分析器组成，其中第一级质量分析器测定分子离子；第二级质量分析器为碰撞池，采用高能碰撞气使分子离子裂解，形成碎片离子；然后由第三级质量分析器测定各碎片离子。这样可以采用多种检测方式，如中性丢失、子离子扫描、母离子扫描、MRM（多反应监测）等方式，可提高待测离子的灵敏度和选择性，从而提高定性及定量分析的准确性。

10.2.1 直接进样方式

以直接进样方式进行质谱检测通常用于分析纯化后的目标产物和标准溶液，如合成目标产物的分子量测定、天然产物中活性成分的分子量测定，或者采用标准溶液优化质谱参数等。通常采用注射泵以恒定流速将标准溶液或样品溶液引入质谱的离子源中，因为没有分离步骤，所以样品必须纯化，否则目标组分的灵敏度会受到很大影响，如果纯度过低，甚至无法确认目标组分的分子量。

10.2.2 色谱-质谱联用模式

色谱-质谱联用模式是将色谱（如 GC、HPLC 或 CE）作为质谱的进样器，而质谱作为色谱的检测器。这种联用模式可以通过色谱法将复杂组分分离，然后依次以不同速度进入离子源离子化。因而，对样品的纯度要求不高，可通过色谱部分将基质和干扰成分与目标组分分离，从而在后续质谱测定时，不会干扰目标组分的定性及定量分析。色谱-质谱联用模式是目前最常用的分析技术，已广泛应用于各个领域的科研及生产实践中。

10.3 仪器结构与原理

质谱仪是基于样品分子的离子化、分离、检测这样的流程进行设计的，因而，质谱仪主要包括进样系统、离子源、分离系统（质量分析器）、检测系统（检测器）及数据采集系统，其主要结构见图 10-3。其中离子源、质量分析器和检测器三部分都需要处于真空条件下，其他部分处于常压状态。

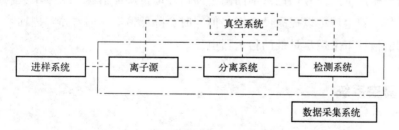

图 10-3　质谱仪的主要结构

10.3.1 进样系统

进样系统的作用是在尽量减少真空度损失的前提下，高效重复地将试样引入离子源。

而样品导入离子源的方式取决于样品的物理性质，如熔点、蒸气压等。进样系统主要包括：间歇式进样系统，用于挥发性样品分析；直接探针进样系统，适用于挥发性较低的样品；色谱进样系统，色谱仪作为质谱的进样系统，这也是目前常用的进样方式。

10.3.2　离子源

样品由进样系统引入离子源后，在离子源中进行电离，形成带电荷的正离子或负离子。目前离子源的种类很多，如电子轰击电离源（EI）、化学电离源（CI）、电喷雾电离源（ESI）、大气压化学电离源（APCI）、基质辅助激光解吸电离源（MALDI）、快原子轰击电离源（FAB）等，每种电离源都有其不同的离子化机理，应用范围也有差异，因而要根据样品的理化性质，选择合适的离子源。

10.3.3　质量分析器

质量分析器的作用是将离子源产生的离子按 m/z 顺序分离。质量分析器可按时间或空间进行分类，按空间分类，目前常用的质量分析器主要包括四极杆质量分析器和双聚焦质量分析器；而按时间分类，主要包括离子阱质量分析器、飞行时间质量分析器和傅里叶变换离子回旋共振质量分析器。其中后两种质量分析器由于分辨率和灵敏度高等优势，常用于高分辨质谱。而四极杆质量分析器和离子阱质量分析器，从工作原理分类，都属于四极电场的分离原理。

10.3.4　检测器

通过质量分析器分离后的离子依次进入检测器进行检测。质谱仪的检测主要使用电子倍增器，也有的使用光电倍增管。从质量分析器出来的离子打到高能打拿极产生电子，电子经电子倍增器产生电信号，记录不同离子的信号即得质谱信息。信号增益与倍增器电压有关，提高倍增器电压可以提高灵敏度，但同时会降低倍增器的寿命，因此，应该在保证仪器灵敏度的情况下采用尽量低的倍增器电压。

10.3.5　真空系统

质谱中离子产生及经过的系统必须处于高真空状态（离子源真空度应达 $1.3 \times 10^{-5} \sim 1.3 \times 10^{-4} \, \text{Pa}$，质量分析器中应达 $1.3 \times 10^{-6} \, \text{Pa}$）。真空作用是减少离子碰撞损失。在低真空条件下，系统中离子和分子的密度较大，待测离子在运动过程中与其他离子或分子碰撞的概率非常大，因而会失去所带电荷，使待测离子数量减少，从而降低检测灵敏度；而在高真空条件下，离子和分子的密度相对较小，待测离子在运动过程中离子碰撞概率大大降低，削减了不必要的离子碰撞、散射效应、复合反应和离子-分子反应，减小本底与记忆效应，因而待测离子损失较小，从而可保证其检测的灵敏度。也就是说，只有在高真空条件下，才能保证离子运动所需的足够的平均自由程。这也是质谱分析要处于真空条件下的原因。

10.4 实验内容

实验一 质谱全扫描数据采集及定性分析

一、实验目的

1.掌握全扫描数据采集方法的建立。

2.练习并掌握全扫描数据的定性分析方法。

二、实验原理

质谱法是利用电磁学原理使离子按质荷比进行分离，从而测定物质的质量与含量的。根据化合物的分子及其碎片离子的质谱图，可对该化合物进行定性分析。

全扫描数据采集（SCAN）是对所定义的整个质量范围进行采集，主要用于未知样品的分析。质谱数据实际上是三维数据：保留时间、质量数和丰度。如果把某一时刻所有离子丰度相加，将得到总离子流图（TIC）。

三、仪器和试剂

1.仪器

安捷伦 GC 6890N-5973 型气-质联用仪（配有 EI）、HP-5MS 交联石英柱（30m×250μm i. d. ×0.25μm）、微量注射器（10μL）。

2.试剂

无水乙醇（分析纯）、待测有机化合物样品（6种有机物）。

四、实验步骤

1.质谱仪的启动

检查仪器与计算机的连接、气路、真空泵等情况，启动真空泵和仪器电源开关，待真空度达到要求，双击采集软件，进行方法设置。

2.全扫描数据采集方法的建立

（1）设定 GC 参数：柱温 120℃→270℃；进样口 250℃；载气流速 1.0mL/min；Aux 285℃。

（2）设定质谱 SCAN 参数：Solvent Delay, 3min；Scan 30～350；阈值 60；Samples 3；Scans/sec 2.33；EI 70eV。

（3）设定报告参数：谱库检索报告。

3.数据采集

用微量注射器准确吸取 $1.0\mu L$ 样品注入后进样口，使样品内不同组分经色谱柱分离后进入质谱仪，并且进行数据采集。

4.采集数据定性分析

(1) 平均谱图或本底扣除：BSB；

(2) 谱峰纯度检测：Peak Purity；

(3) 提取离子色谱：Extract Ion Chromatograph；

(4) 信噪比测定：Signal to Noise；

(5) 谱库检索：Library Research。

五、实验结果

1.将全扫描采集数据定性分析结果填入表 10-1。

表 10-1　质谱全扫描采集模式的测定结果

峰号	保留时间/min	名称或结构式	信噪比 S/N	峰纯度
1				
2				
3				
4				
5				
6				

2.请给出样品的总离子流图。

3.给出组分的质谱图（选择任意一种组分）。

六、问题与讨论

1.如何进行谱峰纯度的检测？

2.质谱仪包括哪几个组成部分？各有何种功能？

3.简述全扫描数据采集原理及其适用性。

实验二　质谱选择离子数据采集及定量分析

一、实验目的

1.学习选择离子数据采集方法的建立和应用。

2.掌握选择离子数据的定量分析方法。

二、实验原理

选择离子数据采集（SIM）是指仅监测含有所需要信息的质荷比的离子，而对非监测离子不采集数据。相比于全扫描模式，即总离子流采集的谱图，由于它只对产生这些质量碎片的化合物进行检测，故可避免干扰成分对待测离子的检测影响。每个离子检测时间相对较长，可提高检测灵敏度、改善峰形和精密度。以待测组分的监测离子为定性依据，以其峰面积进行定量分析。可采用标准曲线（校正曲线）法定量分析，以浓度为横坐标，峰面积为纵坐标绘制线性曲线，用于待测组分的定量分析。此法广泛应用于痕量分析、复杂基质和常规定量分析。

三、仪器和试剂

1.仪器

安捷伦 GC 6890N-5973 型气-质联用仪（配有 EI、四极杆质量分析器）、HP-5MS 交联石英柱（30m × 250μm i.d. × 0.25μm）、微量注射器、容量瓶、移液管或移液枪、烧杯。

2.试剂

有机化合物标准物质（纯度＞98%），采用色谱纯石油醚为溶剂配制标准溶液，通过逐级稀释，至最低浓度为 10μg/mL；待测有机化合物样品；无水乙醇（分析纯）。

四、实验步骤

1.建立 SIM 表

通过 SCAN 扫描模式采集数据，从而确定 SIM 实验中的检测离子，并将数据填入表 10-2 中。

表 10-2 SIM 采集模式的测定结果

参数	化合物 1	化合物 2
保留时间		
分子离子		
基峰		
其他离子		

2.建立 SIM 方法

（1）设定 GC 参数：柱温120℃→270℃；进样口 250℃；载气（氦气）流速 1.0mL/min；Aux 285℃。

（2）设定 SIM 参数：定义分组、选择离子数目。

3.SIM 数据定量分析

（1）设定定量积分：RET 积分、积分参数设定。

（2）建立校正方法

① 单点校正：用微量注射器准确吸取 1.0μL 单一浓度标准溶液注入进样口，进行数据采集，建立校正数据库。

② 多级校正：分别用微量注射器准确吸取 1.0μL 个各浓度标准溶液注入进样口，进行数据采集，建立多浓度水平校正数据库。

（3）样品数据采集：用微量注射器准确吸取 $1.0\mu L$ 被测样品注入后进样口，使样品内不同组分经色谱柱分离后进入质谱仪，并且进行数据采集。

（4）待测样品定量分析：记录待测离子的保留时间、峰面积及监测离子。

（5）制定报告：设置打印参数，输出报告。

4.比较全扫描数据采集与选择离子数据采集的差异。

五、实验结果

1.将 SIM 数据结果填入表 10-3 中。

表 10-3　待测物质的定性及定量离子

参数	化合物 1	化合物 2
定量离子		
定性离子 1		
定性离子 2		

2.将样品定量分析结果填入表 10-4 中。

表 10-4　待测组分的含量

化合物	校正曲线方程	待测组分含量/$(\mu g/mL)$		
		1$^\#$样品	2$^\#$样品	3$^\#$样品
化合物 1				
化合物 2				

六、问题与讨论

1.什么是选择离子数据采集？它与全扫描数据采集有何不同？

2.SIM 方式采集时选择离子的原则是什么？

实验三　采用 MS/MS 法鉴定有机化合物结构

一、实验目的

1.掌握二级质谱法鉴定有机化合物结构的一般过程和方法。

2.了解一级质谱、二级质谱、自动多级质谱的数据获得方式和谱图的特点。

二、实验原理

样品中各组分经过电喷雾电离源离子化后以准分子离子的形式进入质谱仪，在离子阱质量分析器中通过调节环电极和端电极的电压改变电磁场中的磁场力，让不同质荷比大小的离子依次经过检测器，根据检测器信号的质荷比和强度对不同离子做定性和定量分析。

针对未知样品，在将其准分子离子引入质谱仪获得其分子量信息后，还应获得其碎片信息，这时就需要做多级质谱。在离子阱内将待测组分的准分子离子以适当的电压击碎后再扫描，获得的碎片就是该准分子离子的二级质谱，重复该过程就获得待测分子的多级质谱。在二级质谱中以其丰度最大的碎片离子为定量离子，其他丰度较大的碎片离子为定性离子，分子离子与定量离子组成的离子对可作为定量分析的依据；而定性离子可用于排除基质或其他杂质成分的干扰，提高待测组分定性的准确性。

三、仪器和试剂

1. 仪器

Agilent 1100 液相色谱-SL 离子阱质谱仪，配有注射泵、离子阱质量分析器；微量注射器（300μL）。

2. 试剂

甲醇（色谱纯）；纯净水；芦丁、槲皮素、矮壮素（化学结构见图 10-4）、赤霉素（化学结构见图 10-5）的标准品（纯度＞98％），用色谱纯甲醇为溶剂配制各自的标准溶液，最低浓度为 10μg/mL。

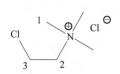

图 10-4 矮壮素的化学结构

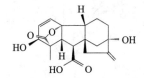

图 10-5 赤霉素的化学结构

四、实验步骤

1. 实验条件

质谱条件：离子源为电喷雾电离源（ESI），负离子模式。芦丁分子量：610.52；槲皮素分子量：302.23；矮壮素分子量：158.1；赤霉素分子量：346.4。在负模式下，各自的分子离子（母离子）为其分子量减去 1，即 [M－1]⁻ 为其分子离子。帘气（反吹气）30psi（206.84kPa），干燥气：流速 8L/min，温度 300℃。

2. 样品测定

（1）对芦丁、槲皮素、矮壮素及赤霉素标准样品进行一级质谱扫描，得到各组分的准分子离子峰，即 [M－1]⁻ 的准分子离子峰。

（2）选择一级质谱中的准分子离子作为母离子，通过设定碰撞电压和扫描方式，分别对芦丁、槲皮素、矮壮素、赤霉素中的主要组分进行二级质谱扫描，得到碎片离子，确定各组分的定性离子对和定量离子对。

（3）绘制标样的一级质谱和二级质谱图，比较多反应监测（MRM）及 Auto MS（2）进行二级质谱扫描的功能差异。

五、实验结果

1. 确定芦丁、槲皮素、矮壮素和赤霉素的准分子离子峰（m/z），填入表 10-5。

2.分别确定芦丁和槲皮素的定性和定量离子，填入表 10-5。

表 10-5　质谱测定结果

参数	芦丁	槲皮素	矮壮素	赤霉素
分子离子				
定量离子				
定性离子 1				
定性离子 2				

3.根据矮壮素的结构式、准分子离子峰及其碎片峰，写出其在质谱中的裂解途径（包括裂解机理，如 α-裂解、i-裂解，还是重排，以及碎片峰的结构式），见图 10-6。

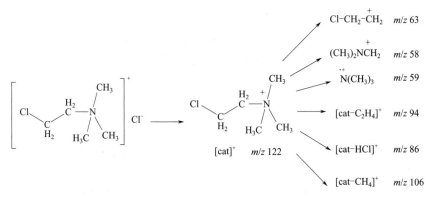

图 10-6　矮壮素裂解途径

六、问题与讨论

1.使用 MRM 模式和普通的多级质谱有什么区别？

2.为什么 Auto MS（2）的 TIC 图呈锯齿状？

3.在获得二级质谱时，选择不同的碰撞电压的质谱图有哪些不同？为什么？

第11章

色谱-质谱联用技术

11.1 基本原理

联用技术的起源最早可追溯到 20 世纪 50 年代，1957 年霍姆斯（J. C. Holmes）和莫雷尔（F. A. Morrell）首次实现了气相色谱-质谱（GC-MS）联用。20 世纪 80 年代，高效液相色谱-质谱（HPLC-MS）联用技术也由于大气压电离源的出现而得到迅速发展。从 2000 年至今，随着科技的快速发展，逐步实现了液相色谱-串联质谱（LC-MS/MS）联用和气相色谱-串联质谱（GC-MS/MS）联用，并广泛应用于化学化工、环境、食品及生命科学等领域。

11.1.1 色谱-质谱联用技术的发展

色谱是一种很好的分离方法，能将复杂的混合物分离成一个个单一组分，但其定性能力较差。色谱法最常用的定性依据是保留时间，这种定性方法在直观分析上可能是最好的，但是存在明显的缺陷。首先，保留指数受系统的时间分辨限制，不能包括全部可能存在的待测物质；其次，很多化合物可能分配在某一时间点，以致研究者必须事先就知道他所研究的是什么类型化合物。

质谱是波谱分析技术中唯一能够给出化合物分子量的结构鉴定方法，而明确化合物的分子量对于最终确定化合物的结构是十分重要的。因而，将色谱强大的分离能力与质谱特有的定性能力相结合开发出色谱-质谱联用仪，已经广泛应用于农药残留分析、兽药残留分析，以及其他有机物质的定性及定量分析中。

11.1.2 色谱-质谱联用模式

（1）离线联用模式　早期的色谱-质谱联用技术是一种脱机、非在线的联用模式（离线模式）。为了给色谱分离后的某一纯组分定性，确定其化学结构，早期往往将色谱分离后的目标组分收集起来，经过一些纯化处理，将目标组分浓缩和除去干扰物质，再利用质谱仪进行定性分析。离线的色谱-质谱联用模式只是将色谱分离作为一种纯化手段和方法，将质谱作为结构鉴定的手段，因此操作烦琐，在收集色谱分离后的目标组分及收集后的再处理时也容易发生样品的污染和损失。

（2）在线联用模式　在线联用模式是通过接口将色谱柱尾出来的馏分直接引入质谱的离子源中，进行在线的组分传输及离子化，这样可避免组分污染，同时可降低操作的烦琐性，保证分析结果的准确性。接口是确保色谱与质谱离子源在真空方面匹配的重要环节，因此，"接口"是色谱-质谱联用技术中的关键装置，它要协调前后两种仪器的输出和输入间的矛盾。接口的存在既要不影响前一级色谱仪器对组分的分离性能，同时又要满足后一质谱仪器对样品进样的要求和工作条件。接口将两种分析仪器的分析方法结合起来，协同作用，取长补短，获得了两种仪器单独使用时不具备的功能。

11.1.3　色谱-质谱联用类型

到目前为止，几乎所有类型的色谱仪都可以与各种结构的质谱仪联用，不过最为普及、应用最为广泛的色谱-质谱联用类型为：气相色谱-质谱（GC-MS）联用、液相色谱-质谱（LC-MS）联用、毛细管电泳-质谱（CE-MS）联用等。而由于各种类型色谱的应用范围不同，所以以上三种联用类型也分别有各自适合的分析目标。其中，气相色谱-质谱联用主要适用于挥发性、热稳定性的有机化合物；液相色谱-质谱联用主要适用于高沸点、强极性、热不稳定性的化合物；而毛细管电泳-质谱联用主要适用于离子型化合物，如生物大分子、有机酸等。

虽然各种色谱法均可与质谱联用，但气相色谱和液相色谱与质谱联用技术发展最为成熟。然而实际分析的大部分化合物均为亲水性强、挥发性弱的有机物，热不稳定化合物及生物大分子，因而液相色谱-质谱的联用显得更为迫切。液相色谱-质谱的联用在20世纪80年代以后进入实用阶段。

11.1.4　联用技术的特点

样品的利用率高只是色谱-质谱联用的许多优点之一，其重要的优点在于色谱-质谱在线联用既快速又方便。如果有一个含有50个组分且各组分含量低至0.5%水平的混合物样品，把每个组分逐一收集起来，要花费1～2周时间，再去测定质谱，又要一周以上的时间，而采取色谱-质谱联用可在1～2h内得到同样的结果。另外，当色谱峰重叠时，收集物的纯度成了问题，而通用的色谱-质谱联用扫描法得到的质谱可以减少交叉污染，在色谱-质谱在线联用技术中还可以避免伴随着样品收集和其后的定性分析所引起的困难。

11.2　分析方法

由于质谱具有结构鉴定的功能，与分离效率高的色谱联用后，可不经过样品纯化过程，直接对混合物中的各组分进行定性及定量分析。色谱-质谱联用技术可根据待测组分的分子离子、碎片离子等信息进行定性分析，通常采用标准物质对照法，通过一级和二级质谱分析，依据保留时间、分子离子及碎片离子等定性信息的比较，确定待测组分的结构。气相色谱-质谱联用技术采用电子轰击电离源（EI），还可以通过谱库检索增加定性分析的依据。

色谱-质谱联用技术在定量分析方面与色谱法相同，依据峰面积定量，通常采用外标法或内标法定量分析。为了增加定量分析的准确性，通常采用三重四极杆串联质谱进行定量分析，采用多反应监测（MRM，见图 11-1）模式采集目标化合物的分子离子与定量离子形成的监测离子对的提取离子流图的峰面积，以其为纵坐标，标准溶液的浓度为横坐标，绘制标准曲线，然后根据标准曲线计算样品中待测组分的含量。

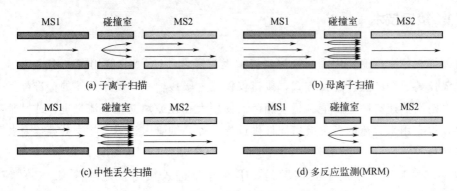

图 11-1 三重四极杆串联质谱的工作方式

11.3 仪器结构与原理

色谱-质谱联用仪的结构主要包括：气相或液相色谱（作为进样系统）、接口、离子源、质量分析器、检测器和数据处理系统。其中离子源、质量分析器和检测器都需要处于真空状态，见图 11-2。

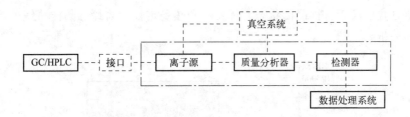

图 11-2 色谱-质谱联用仪的基本结构

气相色谱仪和质谱仪的类型很多，用途不同，但无论什么类型的仪器其基本构成相同。气相色谱仪有气路系统、进样系统、柱温箱和色谱柱、检测器和数据处理系统等；质谱仪有进样系统、离子源、质量分析器、检测器、数据处理系统、真空系统等。因此，任何气相色谱仪和质谱仪只要采用适当的连接方式，将色谱柱出口和质谱的进样口连接起来，即可成为气相色谱-质谱联用系统（见图 11-3）。

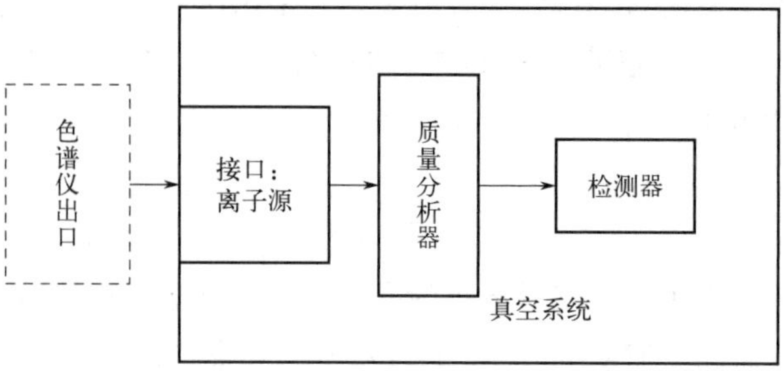

图 11-3　气相色谱-质谱联用系统

11.3.1　接口技术

目前气相色谱普遍使用毛细管柱，流量大为降低，GC-MS 联用多采用将色谱柱直接插入质谱仪离子源的直接连接方式，接口仅仅是一段传输线，属于仪器的标准配置。如果所配的真空泵抽速有限，不能满足气相色谱使用大孔径或填充柱大流量进样或其他特殊进样需要，也有用来分流的各种接口配件供选择，如毛细管限流器、喷嘴分离器及各种膜分离方式接口等。

LC-MS 接口要解决的主要问题是：①在样品进入质谱仪之前除去 LC 的流动相；②使 LC 分离出来的组分电离。早期的接口技术是将两部分工作分开来进行的，后期出现了电喷雾电离源，将接口技术与电离源结合，即离子源既是两种仪器的接口，也是柱尾流出组分电离的场所。

11.3.2　离子源

离子源的功能是使样品分子转变为离子，将离子聚焦并加速进入质量分析器。质谱有多种类型的离子源可满足不同极性、不同分子量范围化合物的分析需求（见图 11-4）。使用何种电离方式取决于：样品的状态、挥发性和热稳定性；需探寻的样品信息类型（分子结构或序列分析）。

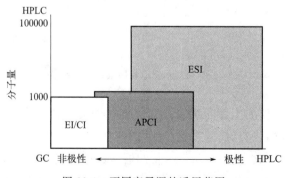

图 11-4　不同离子源的适用范围

11.3.2.1 气相色谱-质谱联用仪的离子源

气相色谱-质谱联用仪除了最常用的电子轰击电离源（EI），还可配置化学电离源（CI）、场致电离源（FI）和场解析电离源（FD）等，各离子源的特点见表 11-1。

表 11-1 气相色谱-质谱联用仪的不同离子源比较

离子源	电离媒介	样品状态	分子离子	碎片离子
EI	电子	蒸气	$M^{+\cdot}$	有
CI	气相离子	蒸气	$[M+H]^{+}$；$[M-H]^{-}$；$[M+NH_4]^{+}$	很少
FI/FD	电场	蒸气、溶液	$M^{+\cdot}$；$[M+H]^{+}$；$[M+Na]^{+}$	无；很少

一般 EI 电离能量较高，生成较多碎片离子，常被称为"硬"电离技术；CI 或 FI 碎片离子很少或无碎片离子，相对 EI 而言称为"软"电离技术，不同电离技术可以给出互补信息。

11.3.2.2 液相色谱-质谱联用仪的离子源

电喷雾电离源（ESI）及大气压化学电离源（APCI）接口是一种非常实用的、高效的电离技术，这两种技术实际上将接口要解决的问题一并解决了，即除掉流动相与样品分子电离同时进行。它们是目前最常用的两种电离源。

ESI 是在溶液中进行电离，适用于易在流动相中形成离子或极性较高的化合物。其最大特点是容易形成多电荷离子，所以既可以用于小分子分析，又可用于多肽、蛋白质和核酸等较大分子的分析。一般不适于非极性化合物的分析。

ESI 也有一定的缺点，例如耐盐能力低，在流动相和样品中不应含有非挥发性酸盐，否则在离子源中极易析出堵塞离子通道；对某些化合物特别敏感，污染难以清洗；在分析混合物样品时带多电荷，容易产生混乱；定量时需要进行内校准。

APCI 实质上是将 CI 的原理引申到大气压条件下进行的一种电离技术。该技术用喷嘴下方的电晕针高压放电取代高速电子轰击，使空气中的中性分子和溶剂分子首先电离形成反应离子，这些反应离子再与样品分子发生分子-离子反应，从而使样品分子电离。主要应用于分析分子量比较小的非极性或弱极性、不容易被电离的化合物。

11.3.3 质量分析器

目前专用的低分辨色谱-质谱联用仪主要是四极杆质谱和离子阱质谱，高分辨仪器主要是飞行时间质谱和扇形磁质谱。串联质谱仪主要有三重四极杆质谱（QqQ）、四极杆-飞行时间质谱（Q-TOF）、飞行时间-飞行时间质谱（TOF-TOF）、磁质谱-飞行时间串联质谱、四极离子阱串联质谱（Q-Trap）、离子阱-飞行时间质谱（Trap-TOF）等联用模式。无论是哪种模式的串联，都必须有碰撞活化室，从第一级质谱（MS）分离出来的特定离子，经过碰撞活化后，再经过第二级 MS 进行质量分析，以便取得更多的信息。

11.3.4　检测器

四极杆质谱、离子阱质谱和磁质谱多采用电子倍增器和光电倍增器作检测器，它们的工作原理类似，离子打在表面涂有特殊材料的金属片（称打拿极）上，产生二次电子。如果是电子倍增器，二次电子继续打到后面的打拿极上，电子数目逐级倍增，最后检测到的是倍增后的电子流；光电倍增器则是打拿极发射出的二次电子，打到一个能发射光子的闪烁晶体上，发射出光子，再由光电倍增管及放大器放大，转换成电流被检测。

11.3.5　真空系统

质谱的真空系统由两级真空组成，包括前级真空泵、高真空泵、真空管道、真空阀门、真空规和吸附阱等部件。在质谱真空室内，由于各连接部位的通导不同，各部分的压强也不相同。气相色谱-质谱联用仪进入质谱离子源的气体主要是气相载气或 CI 的反应气以及样品，离子源的真空度比质量分析器的真空度低。对三重四极杆等串联质谱，由于有碰撞室故还要通入碰撞气，通常为氮气或氩气。

11.4　实验内容

实验一　HPLC-MS 法的定性定量分析

一、实验目的

1. 掌握 HPLC-MS 联用仪的仪器结构和基本操作方法。
2. 掌握利用 HPLC-MS 法对样品进行定性及定量分析的方法。

二、实验原理

样品在合适的 HPLC 条件下分离后进入离子源中被离子化，变成带有一定电荷的粒子（正离子或负离子），电离后的粒子在一个交变的电磁场中会不断地运动，通过改变频率和电压可以使不同质荷比的粒子依次通过质谱仪的质量分析器，到达检测器，检测器再把其响应信号传输至记录仪上得到质谱图，利用质谱图中的质荷比和离子丰度对某种组分做定性和定量分析。

三、仪器和试剂

1. 仪器

Agilent 1100-SL MSD 液相色谱-质谱联用仪，配有注射泵、自动进样器、四元梯度泵、二极管阵列检测器（DAD 检测器）；容量瓶；电子天平；称量瓶；移液管或移液枪。

2.试剂

液氮、甲萘威标准物质（纯度＞99％）、乙腈和甲醇（色谱纯）、纯净水、待测样品。

甲萘威标准工作溶液配制：首先配制浓度为 1.0mg/mL 的甲萘威标准储备液，然后采用色谱纯甲醇逐级稀释，配制浓度分别为 0.10μg/mL、0.20μg/mL、0.50μg/mL、1.00μg/mL、5.00μg/mL 的标准工作溶液，用于绘制标准曲线。

四、实验步骤

1.分析条件

（1）色谱条件：固定相 C_{18} 色谱柱（150mm×4.6mm i.d.，3.5μm），柱温为室温；流动相为甲醇-水或乙腈-水二元混合体系，流速 0.5mL/min；进样量 10μL；紫外-可见光检测器，检测波长 240nm。

（2）质谱条件：离子源为电喷雾电离源（ESI），正/负离子模式；帘气（反吹气）40psi（275.79kPa）；干燥气流速 8L/min，温度 350℃；注射泵进样速度 300μL/h。

2.标准物质分析

通过注射泵将标准溶液引入离子源中，在上述质谱条件下，分别测定其一级和二级质谱。根据一级质谱确定其分子离子。根据二级质谱确定其定量离子和定性离子。

3.样品分析

在上述质谱条件下，将样品进样，得到其对应总离子流图（TIC）和质谱图。使用 MRM（多反应监测）模式检测目标化合物质荷比的分子离子、定量离子和定性离子，观察其定性离子完全相同则可判断样品中含有该物质。

4.定量分析

使用 MRM 模式将配制好的浓度分别为 0.10μg/mL、0.20μg/mL、0.50μg/mL、1.00μg/mL、5.00μg/mL 的甲萘威标样在上述分析条件下注入质谱仪，根据其 MRM 测定中分子离子与定量离子的离子对的峰面积与标样浓度作出标准曲线，利用标准曲线法对未知样品定量。

五、实验结果

1.定性分析

将标准物质的分子离子和定性离子，与样品中待测组分的离子进行对照，确定样品中是否含有甲萘威残留。

2.定量分析

以甲萘威标准工作溶液的浓度为横坐标，峰面积为纵坐标，绘制标准曲线，给出标准曲线方程及相关系数，填入表 11-2。如果确定样品中含有甲萘威残留，依据外标法确定其含量。

表 11-2 质谱分析结果

浓度/(μg/mL)	0.10	0.20	0.50	1.00	5.00	未知样品
峰面积						
标准曲线方程				相关系数		

3.由标准曲线计算出未知样品中目标化合物的含量。

六、问题与讨论

1.HPLC-MS联用仪中离子源有什么作用？

2.在HPLC-MS联用仪中色谱仪和质谱仪各自的作用是什么？有何区别？

实验二　LC-MS法测定农产品中赤霉素残留

一、实验目的

1.掌握LC-MS联用仪的工作原理及实验操作方法。

2.掌握采用LC-MS联用技术对有机化合物进行定性及定量分析的方法。

二、实验原理

实际样品是复杂的混合物，需先通过样品提取和净化后，制备成样品溶液，随后再采用液相色谱-质谱联用仪测定。样品中各组分经过液相色谱分离成单一组分后，依次进入离子源中，在电喷雾电离源中进行离子化。电喷雾电离源为软电离源，样品中的各组分在电离源中形成准分子离子，然后顺序进入质量分析器按质荷比大小进行分离。分离后的离子依次经过检测器，根据检测器信号的质荷比和强度对不同离子做定性和定量分析。

三、仪器和试剂

1.仪器

Agilent 1100液相色谱-SL离子阱质谱仪（配有自动进样器）、电子天平（精度0.1mg）、不锈钢药匙、称量纸或称量瓶、容量瓶、移液管或移液枪、1.5mL样品瓶。

2.试剂

赤霉素（GA）标准品（纯度＞98％），以甲醇为溶剂配制标准贮备溶液，然后逐级稀释配制成浓度为0.10μg/mL、0.20μg/mL、0.50μg/mL、1.00μg/mL、5.00μg/mL的标准工作溶液。甲醇（色谱纯）、甲酸（分析纯）、纯净水、样品溶液。

四、实验步骤

1.实验条件

（1）液相色谱条件：250mm×4.6mm i.d.（3.5μm）C_{18}反相色谱柱，用于待测组分的分离；流动相0.1％甲酸水溶液:甲醇＝40:60（体积比），流速0.5mL/min；柱温25℃；检测波长210nm；进样量20μL。

（2）质谱条件：离子源为电喷雾电离源（ESI），负离子化模式；赤霉素分子量：346.4；帘气（反吹气）30psi（206.84kPa）；干燥气流速8L/min，温度300℃。

2.质谱条件优化

采用质谱直接进样方式，用注射泵将赤霉素的标准溶液引入离子源中，通过一级和二级质谱扫描优化质谱条件，主要包括分子离子、碎片离子的丰度，碰撞电压，干燥气温度和流速，扫描方式等参数的优化，确定丰度最大的定量离子，及其碎片离子。

3.标准溶液的色谱-质谱联用测定

选择一级质谱中的目标离子作为母离子，确定赤霉素的定性离子和定量离子，设定多反应监测模式（MRM）的检测条件。根据 LC-MS 测定时标样的保留时间划分两个部分，每个部分以 MRM 模式对待测标样进行二级质谱检测，在上述分析条件下，测定不同浓度标准溶液，记录提取离子流图中待测组分的保留时间和峰面积，绘制标准曲线。

4.样品测定

在上述液相色谱和质谱条件下对待测样品进行 MRM 测定，通过采集提取离子流图（EIC），记录待测组分的保留时间和峰面积，确定是否含有待测成分并用外标法确定其含量。

五、实验结果

1.确定赤霉素的准分子离子峰（m/z）。

2.确定赤霉素的定性和定量离子对。

3.以赤霉素标准工作溶液的浓度为横坐标，峰面积为纵坐标，绘制标准曲线，给出标准曲线方程及相关系数，填入表 11-3。如果确定样品中含有赤霉素残留，依据外标法确定其含量。

表 11-3 赤霉素的测定结果

浓度/(μg/mL)	0.10	0.20	0.50	1.00	5.00	未知样品
峰面积						
标准曲线方程				相关系数		

六、问题与讨论

1.为什么采用 MRM 模式进行 LC-MS 定量分析？

2.在采用 LC-MS 联用对化合物进行定性和定量分析时，如何选择定性和定量离子对？

实验三　LC-MS/MS 法测定水果蔬菜中矮壮素的残留

一、实验目的

1.掌握 LC-MS/MS 联用技术的分析过程及实验操作技术。

2.掌握 MRM 模式的参数设定方法和数据处理方法。

二、实验原理

LC-MS/MS 可采用 MRM 模式定量分析目标组分，通过检测分子离子与定量离子形成的离子对，可提高定量分析的准确性。对于农药或兽药残留分析，由于残留浓度低，定量的准确性和可靠性尤为重要。这种检测方式既可以避免质荷比相同的基质或杂质成分对待测组分测定的干扰，还可以避免子离子相同的干扰成分对目标组分定性及定量分析的影响。因为分子离子与子离子完全相同的两种组分相对较少，即使存在该种干扰情况，也可以通过色谱分离的保留时间进行区分。

矮壮素属于植物生长调节剂，是季铵盐类化合物，极易溶于水，可采用含水量高的溶剂或缓冲溶液提取样品中待测组分；随后采用阳离子交换固相萃取法净化样品溶液，以强阳离子交换（SCX）色谱柱分离矮壮素，采用 LC-MS/MS 进行测定。

三、仪器和试剂

1.仪器

Agilent 1100 液相色谱-SL 离子阱质谱仪（配有电喷雾电离源、自动进样器和四元梯度泵）、匀浆机、研磨仪、涡旋混合器、超声波清洗器、固相萃取装置、旋转蒸发仪、电子天平、称量瓶、强阳离子交换固相萃取柱（60mg/3mL）、$0.45\mu m$ 滤膜、1.5mL 样品瓶、2mL 注射器、滤纸、烧杯、锥形瓶、容量瓶、移液枪或移液管。

2.试剂

液氮，分析纯的甲醇、乙酸、乙酸铵，色谱纯甲醇，纯净水，蒸馏水，矮壮素标准品（纯度≥98.8%）。

矮壮素标准储备液：准确称取 100.0mg（精确至 0.1mg）矮壮素标准物质，用水溶解后转移到 100mL 容量瓶中，并定容至刻度，配成浓度为 1.0g/L 标准溶液。

矮壮素标准工作溶液：准确移取 1mL 1.0g/L 矮壮素标准溶液到 10mL 容量瓶中，用水定容至刻度，配成 100mg/L 的标准溶液，再逐级稀释配制成浓度分别为 $0.05\mu g/mL$、$0.10\mu g/mL$、$0.50\mu g/mL$、$1.00\mu g/mL$、$5.00\mu g/mL$ 的标准工作溶液，用于绘制标准曲线。

四、实验步骤

1.试样处理

取蔬菜、水果样品可食部分，擦去表面附着物，采用对角线分割法，取对角部分，取约 1kg，将其切碎，充分混匀。用四分法取样，匀浆后将 200g 样品保存在聚乙烯瓶中，于 $-16\sim-20$℃条件下保存。

2.样品制备

称取匀浆试样 20g（精确至 0.01g）于 150mL 烧杯中，向烧杯中加入 80mL 甲醇＋水＋乙酸混合溶液（50∶49∶1，体积比），在 10000r/min 条件均质 2min。滤液经滤纸过滤后，转移至 100mL 容量瓶中，加上述混合溶液定容至刻度。

SCX 固相萃取柱使用前依次用 3mL 甲醇、3mL 甲醇和水混合液（2∶3，体积比）活化。取 20mL 滤液转移至固相萃取柱中，依次用 3mL 水和 3mL 甲醇和水混合溶液（1∶1，体积比）淋洗，然后用 2×3mL 甲醇＋水＋乙酸铵混合溶液（6：2：2，体积比）洗脱。洗脱液于 55℃ 下用旋转蒸发仪蒸至近干，残渣物用 1mL 甲醇和水混合溶液（1：1）溶解，涡旋混合 1min，过 0.45μm 滤膜后，供 LC-MS/MS 测定。

3.分析条件

（1）液相色谱条件：150mm×2.1mm i.d. 阳离子交换色谱柱（SCX，5μm），用于矮壮素的分离；流动相为 100mmol/L 乙酸铵：甲醇（含 100mmol/L 乙酸铵）=1：1，流速 0.25mL/min；柱温 35℃；进样量 10μL。

（2）质谱条件：离子源为电喷雾电离源（ESI），正离子模式，喷雾电压 2000V；干燥温度 500℃，干燥气流速 50.0L/min；雾化气流速 61.0L/min；气帘气流速 15.0L/min；碰撞气为氮气，流速 6.0L/min；碰撞电压为 m/z 122＞58.5 42.0V；m/z 122＞63 52.0V。

4.标准溶液分析

采用标准溶液直接进样分析，测定其一级和二级质谱。确定定性、定量离子：采用多反应监测（MRM）模式，以保留时间和 m/z 122 母离子的二级子离子（m/z）58.5 和 63 定性，以 58.5（m/z）定量。在上述分析条件下，依次测定标准工作溶液，记录其保留时间和峰面积。

5.样品测定

按照上述条件测定试样溶液，记录其保留时间和峰面积。如果试样中矮壮素色谱峰的保留时间与标准溶液相比在 ±2.5% 的允许偏差之内；试样中待测组分的两个子离子的相对丰度与浓度相当的标准溶液相比，相对丰度偏差不超过 20% 的范围，则可判断试样中存在相应的待测化合物。

五、实验结果

1.定性分析

将保留时间、分子离子和定性离子，与标准样品对照，确定样品中是否含有矮壮素成分。

2.定量分析

以矮壮素标准工作溶液的浓度为横坐标，峰面积为纵坐标，绘制标准曲线，给出标准曲线方程及相关系数，填入表 11-4 中。如果确定样品中含有矮壮素残留，依据外标法确定其含量。

表 11-4　矮壮素测定结果

浓度/(μg/mL)	0.05	0.10	0.50	1.00	5.00	未知样品
峰面积						
标准曲线方程				相关系数		

六、问题与讨论

1.矮壮素样品溶液的净化为什么采用 SCX 固相萃取柱？

2.是否可以采用 C_{18} 反相色谱柱分离矮壮素？请解释原因。

实验四　蜂蜜中黄酮类成分的测定（HPLC-MS/MS法）

一、实验目的

1. 掌握 HPLC-MS/MS 联用仪的仪器结构和基本操作。
2. 熟悉串联质谱的工作原理及检测方式。
3. 掌握 HPLC-MS/MS 分析天然物质活性成分的实验方法。

二、实验原理

离子阱质谱由于其特殊的工作原理，属于时间串联质谱，可以进行二级甚至多级质谱分析。由于电喷雾电离源为"软"电离源，只能获得待测组分的准分子离子，不能提供结构鉴定的足够信息。因而，采用离子阱的串联质谱功能，可以对待测组分进行准确的定性及定量分析。

黄酮类化合物是一类在自然界中存在的重要有机化合物，因其羟基衍生物多呈黄色，所以又称黄酮或黄碱素。蜂蜜自身含有的有效成分之一就是黄酮类化合物，对于评价蜂蜜的质量，特别是其种类来讲，黄酮类化合物的含量和种类具有重要的辅助作用。对蜂蜜中黄酮类化合物的含量和成分快速、准确地进行检测，对于确定蜂蜜的产地、品种和提升蜂蜜质量都具有积极意义。

三、仪器和试剂

1. 仪器

Agilent 1100 液相色谱-SL 离子阱质谱仪（配有四元梯度泵、自动进样器和二极管阵列检测器）、电子天平、涡旋混合仪、离心机、旋转蒸发仪、称量纸或称量瓶、容量瓶、移液管或移液枪、滤纸、过滤漏斗、$0.22\mu m$ 滤膜、注射器、1.5mL 样品瓶、锥形瓶、烧杯、XAD-2 树脂。

2. 试剂

液氮、色谱纯甲醇、分析纯甲醇、纯净水、蒸馏水、盐酸、蜂蜜样品。黄酮标准品（纯度≥98%）：槲皮素、山柰酚、异鼠李素、芹菜素及高良姜素。

标准混合溶液配制：采用色谱纯甲醇分别配制槲皮素、山柰酚、异鼠李素、芹菜素及高良姜素的 1mg/mL 的标准贮备液，然后配制 $100\mu g/mL$ 混标溶液，用甲醇逐级稀释成质量浓度分别为 $2.0\mu g/mL$、$1.0\mu g/mL$、$0.5\mu g/mL$、$0.1\mu g/mL$、$0.05\mu g/mL$ 的一系列标准工作溶液。

四、实验步骤

1. 样品制备

准确称取 50g 蜂蜜于 500mL 烧杯中，加入 300mL pH 2 的盐酸水溶液，涡旋 5min，然后 4000r/min 离心 5min，取上清液，上清液采用 XAD-2 树脂柱进行净化。将上清液上样后，依次用 pH 2 的盐酸水溶液、蒸馏水淋洗，弃去淋洗液。最后采用 300mL 甲醇洗脱，收集洗脱液，在 45℃ 条件下旋转蒸发至近干，然后用 2mL 色谱纯甲醇溶解定容，过 0.22μm 滤膜，待后续测定。

2.分析条件

(1) 高效液相色谱条件：C₁₈ 色谱柱（250mm×4.6mm i.d.，5μm），用于样品分析；流动相甲醇-甲酸水溶液，梯度洗脱，0～30min 甲醇 30%～80%，30%～40min 甲醇 80%～90%，随后回到初始状态，平衡 10min，流速 0.5mL/min；不分流进样，进样量 20μL；柱温 25℃。

(2) 质谱条件：采用 ESI 离子源、负离子化模式对黄酮类化合物进行离子化；干燥温度 350℃，干燥气流速 9.0L/min；毛细管电压 3500V；雾化气压力 30psi（206.84kPa）；碰撞电压 12V；采用多反应监测（MRM）模式进行目标组分测定。五种黄酮的质谱定性信息见表 11-5。

表 11-5　五种黄酮的质谱信息

目标化合物	分子量	母离子（m/z）	定量离子（m/z）	定性子离子（m/z）	
槲皮素	302	301	179	151	257
山奈酚	286	285	151	169	257
异鼠李素	316	315	300	—	—
芹菜素	270	269	151	225	201
高良姜素	270	269	197	227	241

3.标准溶液测定

在上述分析条件下，测定标准混合工作溶液，获得各组分的提取离子流图，记录各黄酮成分的保留时间和峰面积，用于标准曲线的绘制。

4.样品分析

在相同分析条件下对蜂蜜样品进行测定，记录各组分的保留时间和峰面积，与标准样品进行比对，确定是否含有 5 种黄酮成分，并确定含量。

五、实验结果

1.定性分析

将标准溶液中各黄酮成分的保留时间，与样品对照，确定样品中是否含有黄酮成分。

2.定量分析

以 5 种标准混合工作溶液的浓度为横坐标，峰面积为纵坐标，绘制标准曲线，给出标准曲线方程及相关系数，填入表 11-6 中。如果确定样品中含有黄酮成分，依据外标法确定其含量。

表 11-6　黄酮类化合物的测定结果

化合物	标准溶液浓度/(μg/mL)					标准曲线方程	相关系数
	0.05	0.1	0.5	1.0	2.0		
槲皮素							

续表

| 化合物 | 标准溶液浓度/(μg/mL) | | | | | 标准曲线方程 | 相关系数 |
	0.05	0.1	0.5	1.0	2.0		
山柰酚							
异鼠李素							
高良姜素							
芹菜素							

六、问题与讨论

1. 使用 HPLC-MS/MS 联用仪为什么不能用磷酸盐缓冲溶液为流动相？

2. 本实验流动相中为什么要含甲酸水溶液？

实验五　虫草中虫草素的测定（HPLC-MS/MS 法）

一、实验目的

1. 掌握样品前处理的方法及步骤。

2. 熟悉天然植物活性成分提取方法。

3. 掌握 HPLC-MS/MS 定性和定量分析的方法。

二、实验原理

虫草样品烘干后，研磨过筛，用 70% 甲醇超声提取，提取液离心后，取上清液过滤膜后作供试溶液。虫草样品提取液注入反相键合相色谱体系，用甲醇-醋酸铵混合液为流动相，虫草素在两相中分配，与杂质相分离，经串联质谱测定，根据保留时间、分子离子和碎片离子定性，根据多反应监测模式中的定量离子对的峰面积，采用外标法定量。

三、仪器和试剂

1. 仪器

安捷伦超高压液相色谱-三重四极杆质谱，配有自动进样器、电喷雾电离源（ESI）和三重四极杆质量分析器，其结构框架见图 11-5。粉碎机、超声波清洗器、涡旋混合仪、离心机、电子天平、称量纸或称量瓶、滤纸、不锈钢药匙、容量瓶、移液管或移液枪、锥形瓶、烧杯、玻璃漏斗、0.22μm 和 0.45μm 滤膜、1.5mL 样品瓶、注射器。

图 11-5　HPLC-MS/MS 联用仪的结构

2.试剂

甲醇（分析纯）、甲醇（色谱纯）、醋酸铵（分析纯）、蒸馏水、纯净水、虫草素标准品（纯度 99%）。

虫草素标准溶液配制：称取一定量的虫草素标准品，以色谱纯甲醇为溶剂，配制标准溶液，浓度分别为 5.0μg/mL、2.0μg/mL、1.0μg/mL、0.5μg/mL、0.1μg/mL。

四、实验步骤

1.样品制备

（1）将虫草样品阴干后，用粉碎机粉碎，过 100 目筛，收集过筛后的样品，用于样品提取。

（2）准确称取样品 2g，置于 150mL 锥形瓶中，用 20mL 70% 甲醇水溶液超声提取 15min，过滤，收集滤液。滤渣再用 15mL 甲醇重复提取 2 次，合并提取液。

（3）取 5mL 提取液，4000r/min 离心 10min，取上清液过 0.22μm 滤膜，待 HPLC-MS/MS 测定。

2.流动相制备

（1）以甲醇：0.1mol/L 醋酸铵（20：80，体积比）为流动相，利用超滤装置使甲醇过有机相滤膜、缓冲溶液过水相滤膜（0.45μm），将混合好的流动相在超声波清洗器中脱气，排出流动相中溶解的气体。

（2）将准备好的流动相放入贮液瓶中，并通过管路与机械泵相连，将选择好的色谱柱（内部填装 C_{18} 固定相）连接在管路中。检查流路，排气、开机。

3.分析条件

（1）高效液相色谱条件：C_{18} 色谱柱 100mm×2.1mm i.d.(1.7μm)，用于虫草素分离；甲醇-0.1mol/L 醋酸铵混合溶液（20：80，体积比）为流动相，流速 0.3mL/min；柱温室温；进样量 5μL。

（2）质谱条件：ESI 电离源，正模式离子化，离子源温度 350℃；干燥气流速 10L/min；鞘气温度 325℃，鞘气流速 12L/min；碰撞能量 25eV；裂解电压 80V；多反应监测（MRM）模式定量分析，定量离子对 252＞136，见图 11-6。

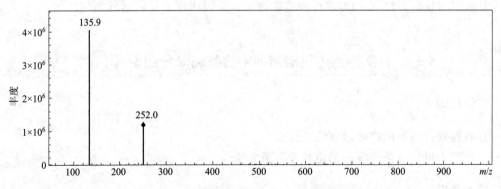

图 11-6　虫草素的二级质谱（m/z 252 为分子离子）

4.标准溶液测定

在上述分析条件下，将虫草素的标准溶液注入 HPLC-MS/MS 联用仪中进行测定，记录保留时间及峰面积，绘制标准曲线。

5.样品测定

在相同的分析条件下，测定样品溶液，记录组分的保留时间和峰面积。

五、实验结果

1.定性分析

将样品和标准溶液谱峰的保留时间、分子离子和定性离子相比较，确定样品中是否含有虫草素。

2.绘制标准曲线

以虫草素标准溶液的浓度为横坐标，峰面积为纵坐标，绘制标准曲线，给出标准曲线方程和相关系数，填入表 11-7 中。

表 11-7　虫草素的质谱分析结果

浓度/(μg/mL)	0.1	0.5	1.0	2.0	5.0
峰面积					
标准曲线方程				相关系数	

3.定量分析

如果确定样品中含有虫草素，根据样品中待测组分的峰面积，代入标准曲线方程计算其含量。样品中的待测组分含量用质量分数（x）计，单位为 mg/kg。按以下公式计算：

$$x = \frac{cV}{m} \tag{11-1}$$

式中，x 为样品中待测组分（质量分数计）含量，mg/kg；c 为根据标准曲线计算的组分含量，μg/mL；V 为定容体积，mL；m 为称样量，g。

六、问题与讨论

1.如果采用 C_8 色谱柱分离虫草素，保留时间会有何变化？

2.如果将柱温升高到 40℃进行虫草素测定，试说明样品保留时间如何变化。

实验六　可溶液剂中苦参碱成分测定

一、实验目的

1.掌握农药药剂的前处理方法及步骤。

2.熟悉天然植物活性成分的定性及定量方法。

二、实验原理

苦参碱为白色粉末，是一种生物碱，易于溶解在水、氯仿、乙醇及甲醇等溶液中，主要存在于苦参的根、植株和果实中，在农业中广泛用作杀虫剂。苦参碱可溶液剂用氯仿超声提取，提取液离心后，取上清液过滤膜后作供试溶液。为了避免基质和杂质成分对苦参碱定性及定量分析的干扰，采用 HPLC-MS/MS 法进行测定。该方法可采用多反应监测（MRM）模式进行测定，通过同时检测目标组分的分子离子和定性及定量离子，可排除其他组分的干扰，提高分析的准确性。

三、仪器和试剂

1. 仪器

Agilent 1290-6460 超高压液相色谱-串联质谱仪［配有电喷雾电离源（ESI）、自动进样器和三重四极杆质量分析器］、恒温水浴锅、离心机、真空泵、超滤装置、旋转蒸发仪、电子天平、称量纸或称量瓶、滤纸、玻璃漏斗、1.5mL 样品瓶、注射器、0.45μm 滤膜、容量瓶、移液管或移液枪、锥形瓶、烧杯。

2. 试剂

氯仿（分析纯）、甲醇（色谱纯）、蒸馏水、纯净水、乙酸铵（分析纯）、氢氧化钠、苦参碱标准品（纯度98%）、苦参碱可溶液剂 2 份。

苦参碱标准溶液的配制：称取一定量的苦参碱标准品，以色谱纯甲醇为溶剂配制标准溶液，标准溶液的浓度分别为 0.02μg/mL、0.1μg/mL、0.5μg/mL、1.0μg/mL、5.0μg/mL。

四、实验步骤

1. 样品提取

取苦参碱可溶液剂的药剂 50mL，摇匀，精密称量 5mL 后，加入碱液调节 pH 值至 10，用氯仿（20mL、15mL、15mL）提取三次，合并提取液。将提取液在旋转蒸发仪上浓缩至近干，用 5mL 色谱纯甲醇溶解残渣，过滤，收集滤液。蒸发瓶用 5mL 甲醇洗涤 3 次，合并洗液与滤液，转移至 25mL 容量瓶中，用流动相稀释至刻度，摇匀。取 1mL 溶液过 0.45μm 滤膜，待 HPLC-MS/MS 测定。

2. 分析条件

（1）高效液相色谱条件：C$_{18}$ 色谱柱（100mm×2.1mm i.d.，1.8μm），用于苦参碱的分离，柱温为室温；流动相为甲醇-10mmol/L 乙酸铵混合溶液（50∶50，体积比），经 0.45μm 滤膜过滤，流速 0.25mL/min。

（2）质谱条件：采用 ESI 离子源，正模式检测；干燥气温度 400℃，流速 10mL/min；采用多反应监测（MRM）模式监测苦参碱的分子离子峰和碎片峰，根据其峰面积定量分析。

3. 标准溶液测定

在上述分析条件下，将苦参碱的标准溶液进样分析，记录其保留时间及峰面积，绘制标准曲线。

4. 样品测定

在相同的分析条件下，测定样品溶液，记录待测组分的保留时间和峰面积。

五、实验结果

1.定性分析

将各标准溶液和样品溶液的保留时间和峰面积填入表 11-8 中，通过比较确定待测样品中是否含有目标组分。

表 11-8 苦参碱的质谱测定结果

样品	保留时间/min	峰面积	标准曲线方程及相关系数
0.02μg/mL 标准溶液			
0.1μg/mL 标准溶液			
0.5μg/mL 标准溶液			
1.0μg/mL 标准溶液			
5.0μg/mL 标准溶液			
待测样品 1			
待测样品 2			

2.定量分析

如果可溶液剂中含有苦参碱成分，请用上述标准曲线对待测样品进行定量分析，确定 2 个样品溶液中苦参碱的浓度。样品中的待测组分含量用质量分数（x）计，单位以 μg/mL 表示。按以下公式计算：

$$x = \frac{cV_1}{V_2} \tag{11-2}$$

式中，x 为样品中待测组分含量，μg/mL；c 为根据标准曲线计算的组分含量，μg/mL；V_1 为定容体积，25mL；V_2 为称样体积，5mL。

六、问题与讨论

1.请分别给出苦参碱的分子离子和定量离子的质荷比。

2.在本实验中是否可以甲醇和磷酸盐缓冲溶液为流动相分离苦参碱？为什么？

第 **12** 章

设计性实验

2022 年 10 月 16 日，党的第二十次全国代表大会在北京召开。在二十大报告中强调"我们要办好人民满意的教育，全面贯彻党的教育方针，落实立德树人根本任务，培养德智体美劳全面发展的社会主义建设者和接班人"。大学教育的根本是立德树人，而课程建设是人才培养的主要渠道。因而，在学生培养中，要把知识传授、能力培养和价值塑造有机融合。

推进党的二十大精神融入"仪器分析实验"教材，要加强课程的思政教育，注重培养学生的创新意识、工匠精神，以及正确的价值观、道德观、责任感。"仪器分析实验"是一门实践类课程，在实践教学中要秉持以学生为主体的理念，培养学生形成科学的思维方式和与时俱进的思想观念。

通过本门课程的学习，使学生在掌握结构鉴定、定性分析及定量分析的分析技术的同时，培养学生的创新意识、科学精神，引导学生树立专业荣誉感、使命感和社会责任感。注重培养学生对分析细节的把握，培养科学严谨、实事求是的实验精神和创新精神，同时培养学生解决问题的实践能力。

而开放性或设计性实验有助于指导学生运用理论知识思考问题、分析现象和解决难题。以问题为导向引领学生开展探究式学习，可提高学生的文献查阅能力、创新思维能力，以及分析问题和解决问题的能力。这部分内容是基础性实验的延续，具有综合性、设计性和探索性等特点。这部分设计性实验为选做实验，学生需要对给出的设计性实验题目进行文献检索，搜集针对实验题目的分析方法，结合实验室的实验条件以及个人兴趣，自行设计实验路线和实验方法，选择合适的仪器设备，进行设计性实验，最后写出实验报告和总结。

在实验过程中，学生们可相互交流，开展讨论，对实验方案和路线的准确性与合理性进行论证，找到最佳的实验方案。这样可以培养学生的创新精神，促进学生科学实验能力的提高。

12.1 设计性实验题目

(1) 不同培养条件下小球藻中超氧化物歧化酶（SOD）活性测定　要求以紫外光谱法进行 SOD 活性的测定。需要学生设计样品的提取方法、活性测定需要的试剂、如何配制、什么条件下进行测定，最后给出实验数据及结论。实验中所用的紫外分光光度计都是我国自主研发的仪器，通过国产仪器的使用可提高学生的科技自立自强意识和爱国精神。

（2）红外光谱法区分苯甲酸和苯甲醛　要求以红外光谱法对苯甲酸和苯甲醛两种化合物的结构进行区分。需要学生设计两种物质合适的样品制备方法、红外扫描条件、谱图处理及解析，最后写出实验报告及结论。该实验可培养学生解决问题的实践能力。

（3）气相色谱法测定土壤中的莠去津残留量　要求学生采用气相色谱法分析土壤样品中三嗪除草剂莠去津的残留。需要学生制定合适的样品处理方法，确定最佳的色谱分析条件和检测器、定性分析和定量分析方法、数据处理方法等，最后给出测定结果，整理编写实验报告和实验结论。该实验通过对土壤中莠去津残留的分析，可增强学生的环保意识。

（4）液相色谱法测定食品中的氯霉素残留　要求学生采用液相色谱法分析食品中氯霉素的残留。学生需要制定样品提取和净化方法、样品的分析条件、色谱柱和检测器的选择、分析方法的评价、样品的测定及定性和定量方法，最后给出测定结果，写出实验报告和实验结论。该实验的设计可提高学生对食品安全的关注，从而使学生在实践中获得更深的感受。

（5）体液中多巴胺的测定　要求学生采用毛细管区带电泳法测定体液中多巴胺的含量。需要学生查阅文献，制定合适的分离条件，如石英毛细管长度和内径、进样方法、缓冲溶液的选择、分离电压及检测方法等。学生确定实验步骤后，进行电泳分析，获得实验结果，最后编写实验报告。通过本实验可增强学生的问题意识，提高学生解决问题的能力。

（6）丁香中挥发油成分的测定　要求学生采用气相色谱-质谱联用法测定丁香中的挥发油成分。需要学生制定实验方法和实验路线，确定样品提取方法、气相色谱的分析条件（载气、色谱柱的选择，进样口温度、柱温的设置等）、质谱检测条件（如离子源、总离子流扫描、选择离子扫描等，一级和二级质谱的分析条件等）、数据处理方法等，最后给出实验结果，编写实验报告，总结实验中的问题。通过本实验的设计，可以提高学生分析问题和解决问题的综合能力。

（7）核磁共振波谱法区分氯化胆碱和甜菜碱　要求学生采用核磁共振波谱法区分氯化胆碱和甜菜碱。可分别采用氢谱和碳谱进行测定，需要学生选择合适的氘代溶剂、谱图解析方法，确定两种物质的结构差异，最后编写实验报告，详细列出解析步骤，给出实验结论及讨论。该实验的设计可以培养学生理论联系实际的能力。

（8）稻米中镉元素的测定　要求学生采用原子吸收光谱法分析稻米样品中的镉元素含量。需要学生制定实验方法：设计样品处理方法、原子吸收光谱仪的参数设定、定量分析方法等。最后编写实验报告，详细列出分析步骤，给出实验结论及讨论。该实验设计可以培养学生的生态可持续和环保意识，使学生深切感受到食品安全的重要性。

12.2　设计性实验的考察点

　　① 是否选择了最佳的实验方案；
　　② 仪器条件的选择是否合理；

③ 样品处理方法是否合适；

④ 仪器操作是否正确；

⑤ 谱图解析步骤是否正确；

⑥ 数据处理的结果是否准确，定性或定量分析的方法是否正确。

12.3 自选实验题目

除上述设计性实验外，学生也可从自选题目中选择实验项目进行实验设计和完成实验。

① 有机溶剂中微量水分的测定。

② 水果中氨基酸含量的测定。

③ 茶叶中绿原酸含量的测定。

④ 植物叶片中可溶性蛋白的测定。

⑤ 食品中甘油三酯的测定。

⑥ 海水中钠离子和钾离子的测定。

⑦ 银杏叶中黄酮成分的测定。

⑧ 葡萄中戊唑醇残留量的测定。

⑨ 食品中锌含量的测定。

参考文献

[1] 董慧茹. 仪器分析. 北京：化学工业出版社，2020.

[2] 宁永成. 有机化合物结构鉴定与有机波谱学. 北京：科学出版社，2018.

[3] 田宏哲，赵瑛博. 联用分析技术在农业领域的应用. 北京：化学工业出版社，2021.

[4] 蔺红桃，柳玉英，王平. 仪器分析实验. 北京：化学工业出版社，2020.

[5] 郁桂云，钱晓荣. 仪器分析实验教程. 上海：华东理工大学出版社，2015.

[6] 孙尔康，张剑荣. 仪器分析实验. 南京：南京大学出版社，2009.

[7] 陈怀侠. 仪器分析实验. 北京：科学出版社，2017.

[8] 周艳明，赵晓松. 现代仪器分析. 北京：中国农业出版社，2010.

[9] 白玲，石国荣，罗盛旭. 仪器分析实验. 北京：化学工业出版社，2010.

[10] 唐仕荣. 仪器分析实验. 北京：化学工业出版社，2016.

[11] 柳仁明. 仪器分析实验. 青岛：中国海洋大学出版社，2009.

[12] 胡坪. 仪器分析实验. 北京：高等教育出版社，2016.

[13] 黄丽英. 仪器分析实验指导. 厦门：厦门大学出版社，2014.

[14] 杨万龙，李文友. 仪器分析实验. 北京：科学出版社，2008.

[15] 杨海英，郭俊明，王红斌. 仪器分析实验. 北京：科学出版社，2015.

[16] 万其进，喻德忠，冉国芳. 仪器分析实验. 北京：化学工业出版社，2012.

[17] 常建华，董绮功. 波谱原理及解析. 北京：科学出版社，2017.

[18] 孟令芝，龚淑玲，何永炳，等. 有机波谱分析. 武汉：武汉大学出版社，2016.

[19] 邓芹英，刘岚，邓惠敏. 波谱分析教程. 北京：科学出版社，2007.

[20] 张祥民. 现代色谱分析. 上海：复旦大学出版社，2004.

[21] 盛龙生，汤坚. 液相色谱质谱联用技术在食品和药品分析中的应用. 北京：化学工业出版社，2008.

[22] 梁逸曾，俞汝勤. 化学计量学. 北京：高等教育出版社，2000.